KB215269

에너지 위기, 어떻게 해결할 것인가

지속가능성 시리즈❷

에너지 위기, 어떻게 해결할 것인가

헤르만-요제프 바그너 지음 | 정병선 옮김
유네스코한국위원회 · 한국과학창의재단 · 에너지관리공단 공동 기획

도서출판 길

지속가능성 시리즈❷
에너지 위기, 어떻게 해결할 것인가

2010년 9월 15일 제1판 제1쇄 찍음
2010년 9월 30일 제1판 제1쇄 펴냄

지은이 | 헤르만-요제프 바그너
옮긴이 | 정병선
펴낸이 | 박우정

기획 | 유네스코한국위원회 · 한국과학창의재단 · 에너지관리공단
편집 | 천정은

펴낸곳 | 도서출판 길
주소 | 135-891 서울 강남구 신사동 564-12 우리빌딩 201호
전화 | 02)595-3153 팩스 | 02)595-3165
등록 | 1997년 6월 17일 제113호

Printed in Seoul, Korea
ISBN 978-89-6445-018-5 04500

* 이 책은 한국과학창의재단과 에너지관리공단의 지원을 받아 출판되었습니다.

지속가능성 시리즈 한국어 판 발간에 부쳐

온실가스의 급증으로 야기된 전 지구적 기후 변화
점차 고갈되어 가는 천연자원을 둘러싼 국제 분쟁
급증하는 세계 인구와 하루 소득 1.25달러 미만의 절대빈곤 인구
멸종 위험에 처한 전 세계 동식물종
세계 경제를 위협하는 국제 유가의 급등락
……

21세기 들어 인류는 더욱더 빈번하게 기후 변화, 에너지 고갈과 경쟁, 빈곤, 인구 문제와 식량 부족, 물 부족과 오염, 생물다양성 위기, 선진국과 저발전국의 격차 확대, 세계 금융 위기 등과 같은 전 지구적 도전과 위협에 직면하고 있습니다. 이들은 직접적으로는 인류의 지속가능성에 대한 도전이면서 더 근본적으로는 인류가 한 부

분을 차지하고 있는 우리의 행성 지구와 거기에서 사는 모든 존재들의 현재와 미래에 대한 위협이라 할 수 있을 것입니다.

현재 우리가 부닥치고 있는 전 지구적 도전은 과거 우리가 대비하도록 교육받았던 문제들과는 질적으로 다른 차원에 위치해 있습니다. 한 지역 또는 한 국가 차원에서는 넘어설 수 없는, 기존의 분과학문의 벽을 허물지 않고서는 해결하기 어려운 과제들입니다. 그 해결의 열쇠는 우리 모두가 그동안 유지해 온 기존의 삶의 방식에 대한 근본적인 성찰을 바탕으로 인종과 문화, 종교와 국적의 차이를 뛰어넘어 힘과 지혜를 모으는 데 있습니다.

이러한 문제의식 속에서 국제 사회는 1992년 리우 선언과 2000년 새천년발전목표MDGs, 2002년 지속가능발전교육 10년(2005~2014) 등을 선포함으로써 지속가능한 세계를 만들기 위한 인류 공동의 노력을 기울여왔으며, 특히 유엔의 교육과학문화 전문 기구인 유네스코는 지속가능발전교육 10년 사업의 선도 기구로서 지속가능성에 대한 인류의 이해와 인식을 높이고 실천 방안들을 제시하는 다양한 교육 프로그램들을 개발해 왔습니다. 우리 한국도 그동안 국내에서 수행해 온 정부와 민간 차원의 다양한 지속가능발전 노력과 그 성과들을 기반으로 2009년 유네스코지속가능발전교육한국위원회를 설치, 더욱 체계적이고 파급력 있는 활동을 펼치고 있습니다.

이번에 유네스코한국위원회와 에너지관리공단, 한국과학창의재단, 이 세 기관이 힘과 뜻을 모아 한국어로 번역 발간하는 '지속가능성 시리즈'(총 12권)는 바로 이러한 노력의 일환입니다. 2007년 독일에서 처음 발간되어 지속가능성에 대해 기대 이상의 대중적 관심과 반향을 불러일으킨 이 시리즈는 에너지, 기후 변화, 식량, 물, 질병, 생물다양성, 바다, 인구, 국제 정치 등 인류가 당면한 과제를 주제별로 조명하면서도 동시에 그들 사이의 상호연관성을 유기적 시스템으로서의 지구라는 전체적인 관점에서 천착하고 있다는 점에서 지속가능성 분야의 가장 체계적이면서 독보적인 저작의 하나로 꼽을 수 있을 것입니다. 특히 관련 분야 전문가는 물론 일반 독자들도 쉽게 읽고 이해할 수 있도록 서술되었을 뿐만 아니라 각 권마다 주제와 관련된 흥미롭지만 결코 간과해서는 안 될 다양한 사례들을 제시하고 있다는 점에서 국내에서는 보기 드문 지속가능성 종합 교재라 할 수 있을 것입니다.

아무쪼록 올해 우선 번역 발간되는 『우리의 지구, 얼마나 더 버틸 수 있는가』, 『에너지 위기, 어떻게 해결할 것인가』, 『기후 변화, 돌이킬 수 없는가』 등 세 권을 통해 국내 지속가능성 이해와 논의가 활성화되고 대중의 참여와 실천이 확대되기를 희망하며, 특히 일반 독자는 물론 에너지 · 기후 변화 이슈의 전문가를 양성하고 미래 세대의 교육 활동에 종사하는 기관 · 단체에서도 널리 활용될 수 있기를 기대합니다. 이 책들이 한국 독자들의 지속가능성 의식을 깨우는 '탄광 속의 카나리아'가 되기를 바라며 관심 있는 여러분들의 일독을 권합니다.

끝으로, 어려운 출판 환경 속에서도 흔쾌히 출판을 맡아주신 도서출판 길 박우정 사장님과, 텍스트를 정확하고 매끄러운 우리말로 담

아주신 옮긴이 여러분들께 깊은 감사를 드립니다.

2010년 10월

유네스코한국위원회 사무총장 전택수

에너지관리공단 이사장 이태용

한국과학창의재단 이사장 정윤

엮은이 서문

지속가능성 프로젝트

이 시리즈의 독일어 판은 예상을 훌쩍 뛰어넘는 판매고를 기록했다. 언론의 반응도 호의적이었다. 이 두 가지 긍정적 지표로 보건대 이 시리즈가 일반 독자들도 쉽게 이해할 수 있는 언어로 적절한 주제를 다루고 있음을 알 수 있다. 이 책이 광범위한 주제를 포괄하면서도 과학적으로 엄밀할뿐더러 일반인도 쉽게 접근할 수 있는 언어로 씌었다는 점은 특히 주목할 만하다. 이것은 사람들이 아는 것을 실천함으로써 지속가능한 사회로 나아가는 데 정말이지 중요한 선결 요건이기 때문이다.

이 책의 일차분이 출간된 직후인 몇 달 전, 나는 유럽의 주변 국가들로부터 영어 판을 출간해 더 많은 독자가 이 책을 접할 수 있게 했으면 좋겠다는 이야기를 들었다. 그들은 이 시리즈가 국제적인 문제를 다루고 있느니만큼 될수록 많은 이들이 이 책을 읽고 지식을 바탕으로 토론하고 국제 차원에서 실천할 수 있도록 해야 한다고 역설했다. 한 국제회의에 파견된 인도 · 중국 · 파키스탄의 대표들이 비슷한 관심을 표명했을 때 나는 마음을 굳혔다. 레스터 R. 브라운 Lester R. Brown이나 조너선 포리트 Jonathan Porritt 같은 열정적인 이들은 일반 대중이 지속가능성 개념에 유의하도록 이끌어준 인물이다. 나는 이 시리즈가 새로운 개념의 지속가능성 담론을 불러일으킬 수 있으리라 확신한다.

내가 독일어 판 1쇄에 서문을 쓴 지도 어언 2년이 지났다. 그 사이 우리 지구에서는 지속불가능한 발전이 유례 없이 난무했다. 유가는 거의 세 배까지 올랐고, 산업용 금속의 가격도 걷잡을 수 없이 치솟았다. 옥수수 · 쌀 · 밀 같은 식량 가격이 연일 최고치를 경신한 것도 뜻밖이었다. 이 같은 가격 급등 탓에 중국 · 인도 · 인도네시아 · 베트남 · 말레이시아 같은 주요 발전도상국의 안정성이 크게 흔들리리라는 우려가 전 지구적 차원에서 짙어지고 있다.

지구 온난화에 따른 자연재해도 잦아지고 심각해졌다. 지구의 여러 지역이 긴 가뭄을 겪고 있으며, 그로 인한 식수 부족과 흉작에 시달리고 있다. 그런가 하면 세계의 또 다른 지역에서는 태풍과 허리케인으로 대규모 홍수가 나 지역민들이 커다란 고통에 빠져 있다.

거기에다 미국 서브프라임 모기지 위기로 촉발된 세계 금융 시장의 혼란까지 가세했다. 금융 시장 혼란은 세계 모든 나라들에 영향을 끼쳤으며, 불건전하고 더러 무책임하기까지 한 투기가 오늘의 금융 시장을 어떻게 망쳐놓았는지 생생하게 보여주었다. 투자자들이 자본 투자에 따른 단기수익성을 과도하게 노린 바람에 복잡하고 음습한 금융 조작이 시작되었다. 기꺼이 위험을 감수하려는 무모함 탓에 거기 연루된 이들이 모두 궤도를 이탈한 듯 보인다. 그렇지 않고서야 어떻게 우량 기업이 수십 억 달러의 손실을 입을 수 있었겠는가? 만약 각국의 중앙은행들이 과감하게 구제에 나서 통화를 뒷받침하지 않았더라면 세계 경제는 붕괴하고 말았을 것이다. 공적 자금 사용이 정당화될 수 있는 것은 오로지 이러한 환경에서뿐이다. 따라서 대규모로 단기 자본 투기가 되풀이되는 사태를 서둘러 막아야 한다.

이 같은 발전의 난맥상으로 미루어볼 때 지속가능성에 관해 논의해야 할 상황은 충분히 무르익은 것 같다. 천연자원이나 에너지의 무분별한 사용이 심각한 결과를 초래하며, 이는 미래 세대에만 해당하는 일이 아니라는 사실을 점점 더 많은 이들이 자각하고 있다.

2년 전이라면 세계 최대의 소매점 월마트가 고객과 지속가능성에 관해 대화하고 그 결과를 실행에 옮기겠다고 약속할 수 있었겠는가? 누가 CNN이 「고잉 그린」Going Green 같은 프로그램을 방영할 수 있으리라고 생각이나 했겠는가? 세계적으로 더 많은 기업들이 속속 지속가능성이라는 주제를 주요 전략적 고려 사항으로 꼽고 있다. 우리는 이 여세를 몰아 지금 같은 바람직한 발전이 용두사미에 그치지 않고 시민 사회의 주요 담론으로 확고히 자리 잡을 수 있도록 해야 한다.

하지만 개별적인 다수의 노력만으로는 지속가능한 발전을 이룰 수 없다. 우리는 우리 자신의 생활양식과 소비 및 생산 방식에 근본적이고 중대한 질문을 던져야 하는 상황에 놓여 있다. 에너지나 기후 변화 같은 주제에만 그치지 않고, 미래 지향적이고 예방적으로 지구 전체 시스템의 복잡성을 다루어야 하는 것이다.

모두 열두 권에 달하는 이 시리즈의 저자들은 우리가 지구 생태계를 파괴함으로써 어떤 결과에 이르렀는지를 종전과는 다른 각도에서 조망하고 있다. 그러면서도 지속가능한 미래를 일굴 수 있는 기회는 아직 많이 남아 있다고 덧붙인다. 하지만 그러려면 지속가능한 발전이라는 원칙에 입각해 올바로 실천할 수 있도록 우리의 지식을 총동원해야 한다. 지식을 행동으로 연결시키는 조치가 성과를 거두려면 모든 이들을 대상으로 어렸을 적부터 광범위한 교육을 실시해야 한다. 미래에 관한 주요 주제를 학교 교육 과정에서 다뤄야 하고, 대학생은 지속가능한 발전에 관한 교양 과정을 필수적으로 이수하게 해야 한다. 남녀노소를 불문하고 모든 이들에게 일상적으로 실천할 기회를 마련해 주어야 한다. 그래야 스스로의 생활양식에 대해 비판적으로 사고하고 지속가능성 개념에 기반해 바람직한 변화를 도모할 수 있다. 우리는 책임 있는 소비자행동을 통해 지속가능한 발전으로 나아가는 길을 기업들에게 보여주어야 하며, 여론 주도층으로서 영향력을 행사하면서 적극 나서야 한다.

바로 그러한 이유에서 내가 몸담고 있는 책임성포럼Forum für Verantwortung과 ASKO유럽재단ASKO Europa Foundation, 유럽아카데

미 오첸하우젠European Academy Otzenhausen이 협력해, 저명한 '부퍼탈기후환경에너지연구소' Wuppertal Institute for Climate, Environment and Energy가 개발한 열두 권의 책과 함께 볼 만한 교육용자료를 제작했다. 우리는 프로그램을 확대해 세미나를 진행하고 있는데, 초창기의 성과는 매우 고무적이다. 일례로 유엔은 '지속가능발전교육'Educaton for Sustainable Developement; ESD이라는 10개년 프로젝트를 진행하기로 했다. 이 같은 '지속가능성 확산' 운동이 순조롭게 진행됨에 따라 객관적인 정보나 지식에 대한 대중의 관심과 수요는 날로 늘 것으로 보인다.

기존 내용을 보완하느라 심혈을 기울이고 애초의 독일어 판을 좀 더 세계적인 맥락에 맞도록 손봐 준 지은이들의 노고에 감사드린다.

통찰력 있고 책임감 있는 실천

"우리 인간은 제2의 세계를 창조할 수 있는 신, 즉 초월적 존재가 되어가는 중이다. 자연계를 그저 새로운 창조를 위한 재료쯤으로 써먹으면서 말이다."

이것은 정신분석학자이자 사회철학자 에리히 프롬Erich Fromm이 쓴 『소유냐 존재냐』(1976)에 나오는 경고문으로, 우리 인간이 과학 기술에 지나치게 경도된 나머지 빠지게 된 딜레마를 잘 표현하고 있다.

자연을 이용하기 위해 자연에 복종한다는 우리의 애초 태도("아는 것이 힘이다.")는 자연을 이용하기 위해 자연을 정복한다는 쪽으로 변질되었다. 수많은 진보를 이룩한 인류는 초기의 성공적 경로에서 벗어나 그릇된 길로 접어들었다. 셀 수도 없는 위험이 도사리고 있는 길로 말이다. 그 가운데 가장 심각한 위험은 정치인이나 기업인 절대다수가 경제 성장을 늦추지 말아야 한다고 철석같이 믿고 있다는 데에서 비롯된다. 그들은 끝없는 경제 성장이야말로 지속적인 기술 혁신과 더불어 인류의 현재와 미래의 문제를 모조리 해결해 줄 수 있으리라 믿고 있다.

지난 수십 년 동안 과학자들은 자연과 필연적으로 충돌할 수밖에 없는 이러한 믿음에 대해 줄곧 경고를 해왔다. 유엔은 1983년에 일찌감치 세계환경발전위원회World Commission on Environment and Development; WCED를 창립했고, 이 위원회는 1987년에 '브룬트란트 보고서' Brundtland Report를 발간했다. '우리 공동의 미래' *Our Common Future*라는 제목의 그 보고서는 인류가 재앙을 피하고 책임 있는 생활양식으로 돌아갈 수 있는 길을 모색하는 데 유용한 개념을 제시했다. 장기적이고 환경적으로 지속가능한 자원 사용이 그것이다. 브룬트란트 보고서에 쓰인 '지속가능성'은 "미래 세대가 그들의 욕구를 충족시킬 수 있는 능력에 위협을 주지 않으면서 현 세대의 욕구를 충족시키는 발전"을 의미하는 개념이다.

숱한 노력이 있었지만 안타깝게도 생태적으로 · 경제적으로 · 사회적으로 지속가능한 실천을 위한 이 기본 원칙은 제대로 구현되지 않고 있다. 시민 사회가 아직 충분한 지식을 갖추고 있지도 조직화되어 있지도 않은 탓이다.

책임성포럼

이러한 상황을 배경으로, 그리고 쏟아지는 과학적 연구 결과들과 경고를 바탕으로, 나는 내가 몸담은 조직과 함께 사회적 책임을 맡기로 했다. 지속가능한 발전에 관한 논의가 활성화되는 데 힘을 보태고자 한 것이다. 나는 지속가능성이라는 주제에 관한 지식과 사실을 제공하고, 앞으로 실천하면서 선택할 수 있는 대안을 보여주고자 한다.

하지만 '지속가능한 발전'이라는 원칙만으로는 현재의 생활양식이나 경제 활동을 변화시키기에 충분치 않다. 그 원칙이 일정한 방향성을 제시해 주는 것이야 틀림없지만, 그것은 사회의 구체적 조건에 맞게 조율되어야 하고 행동 양식에 따라 활용되어야 한다. 미래에도 살아남기 위해 스스로를 재편하고자 고심하는 민주주의 사회는 토론하고 실천할 줄 아는 비판적이고 창의적인 개인들에게 의존해야 한다. 따라서 지속가능한 발전을 실현하려면 무엇보다 남녀노소를 가리지 않고 그들에게 평생교육을 실시해야 한다. 지속가능성 전략에 따른 생태적 · 경제적 · 사회적 목표를 이루려면 구조적 변화를 이끌어내는 잠재력이 어디에 있는지 알아보고 그 잠재력을 사회에 가장 이롭게 사용할 줄 아는 성찰적이고 혁신적인 일꾼들이 필요하다.

그런데 사람들이 단지 '관심을 기울이는 것'만으로는 여전히 부족하다. 우선 과학적인 배경 지식이나 상호 관계를 이해하고 나서 토론을 통해 그것을 확인하고 발전시켜야 한다. 오직 그렇게 해야만 올바로 판단할 수 있는 능력이 길러진다. 이것이 바로 책임 있는 행동에 나서기 위해 미리 갖춰야 할 조건이다.

그러려면 사실이나 이론을 제기하되, 반드시 그 안에 주제에 적합하면서도 광범위한 행동 지침을 담아내야 한다. 그래야 사람들이 그 지침에 따라 나름대로 행동에 나설 수 있다.

이 같은 목적을 실현하기 위해 나는 저명한 과학자들에게 일반인도 이해할 수 있는 방식으로 '지속가능한 발전'에 따른 주요 주제의 연구 상황과 가능한 대안을 들려달라고 요청했다. 그렇게 해서 결실을 맺은 것이 바로 이 지속가능성 시리즈 열두 권이다. (아래의 각 권 소개 참조.) 이 작업에 참여한 이들은 다들 지속가능성을 향해 사회가 단일대오를 형성하는 것 말고는 달리 뾰족한 대안이 없다는 데 뜻을 같이했다.

– 우리의 지구, 얼마나 더 버틸 수 있는가(일 예거 Jill Jäger)
– 에너지 위기, 어떻게 해결할 것인가(헤르만-요제프 바그너 Hermann-Josef Wagner)
– 기후 변화, 돌이킬 수 없는가(모집 라티프Mojib Latif)
– 위험에 처한 해양(슈테판 람슈토르프 · 캐서린 리처드슨Stefan Rahmstorf & Katherine Richardson)
– 수자원: 효율적이고 지속가능하며 공정한 사용(볼프람 마우저 Wolfram Mauser)

– 천연자원과 인간의 개입(프리드리히 슈미트-블리크Friedrich Schmidt-Bleek)
– 과밀한 세계? 세계 인구와 국제 이주(라이너 뮌츠 · 알베르트 F. 라이터러Rainer Münz & Albert F. Reiterer)
– 식량 생산: 지속가능한 농업을 통한 환경 보호(클라우스 할브로크Klaus Hahlbrock)
– 희생당하는 지구: 지속가능한 발전의 전망(베른트 마이어Bernd Meyer)
– 새로운 전염병: 지구촌에 번지는 전염병과 빈곤(슈테판 카우프만Stefan Kaufmann)
– 다양성의 종언: 상실과 멸종(요제프 H. 라이히홀프Josef H. Reichholf)
– 새로운 세계질서 구축: 미래를 위한 지속가능한 정책(하랄트 뮐러Harald Müller)

공적 토론

내가 이 프로젝트를 추진할 용기를 얻고, 또 시민 사회와 연대하고, 그들에게 변화를 위한 동력을 제공해 줄 수 있으리라 낙관하게 된 것은 무엇 때문이었을까?

첫째, 나는 최근 빈발하는 심각한 자연재해 탓에 누구나 인간이 이 지구를 얼마나 크게 위협하고 있는지 민감하게 깨달아가고 있음을 알게 되었다. 둘째, 지속가능한 발전이라는 개념을 시민들이 이해하기 쉬운 언어로 포괄적이면서도 집중적으로 다룬 책이 시중에 거의 나와 있지 않았다.

이 시리즈 일차분이 출간될 즈음 대중은 기후 변화나 에너지 같은 주제에는 큰 관심을 기울이고 있었다. 이는 2004년 지속가능성에 관한 공적 담론에 필요한 아이디어와 선결 조건을 정리할 무렵에는 기대하기 힘들었던 것이다. 특히 다음과 같은 사건들이 계기가 되어 이러한 변화가 가능했다.

첫째, 미국은 2005년 8월 허리케인 카트리나로 뉴올리언스가 폐허로 변하고 무정부 상태가 이어지는 모습을 속절없이 지켜보아야 했다.

둘째, 2006년 앨 고어Al Gore가 기후 변화와 에너지 낭비에 관해 알리는 운동을 시작했다. 그 운동은 결국 다큐멘터리 「불편한 진실」An Inconvenient Truth로 결실을 맺었는데, 이 다큐멘터리는 전 세계 모든 연령층에 강렬한 인상을 남겼다.

셋째, 700쪽에 달하는 방대한 스턴 보고서Stern Report가 발표되면서 정치인이나 기업인들의 경각심을 이끌어냈다. 영국 정부가 의뢰한 이 보고서는 2007년 전직 세계은행 수석 경제학자인 니컬러스 스턴Nicholas Stern이 작성하고 발표했다. 스턴 보고서는 우리가 "과거의 기업 행태를 답습하고" 기후 변화를 막을 수 있는 그 어떤 적극적 조치도 취하지 않는다면 세계 경제가 얼마나 큰 피해를 입을지 분명하게 보여주었다. 더불어 스턴 보고서는 우리가 실천에 나서기만 한다면, 그 피해에 치를 비용의 10분의 1만 가지고도 얼마든지 대책을 세울 수 있으며, 지구 온난화에 따른 평균기온 상승을 2°C 이내로 억제할 수 있다고 주장했다.

넷째, 2007년 초에 발표된 기후 변화 정부간 위원회Intergovernmental Panel for Climate Change : IPCC 보고서가 언론의 열렬한 지지를 얻고 상당한 대중적 관심을 모았다. 그 보고서는 상황이 얼마나 심각한지를 이례적으로 적나라하게 폭로하며 기후 변화를 막을 과감한 조치를 촉구했다.

마지막으로, '지구를 살리자'Save the world라는 빌 클린턴의 호소와 빌 게이츠, 워런 버핏, 조지 소로스, 리처드 브랜슨 같은 억만장자들의 이례적 관심과 열정을 꼽을 수 있다. 전 세계 사람들에게 각별한 인상을 남긴 그들의 노력을 빼놓을 수는 없다.

이 시리즈 열두 권의 지은이들은 각자 맡은 분야에서 지속가능한 발전을 지향하는 적절한 조치를 제시해 주었다. 우리 행성이 경제 · 생태 · 사회 분야에서 지속가능한 발전으로 성공리에 이행하려면 하루아침이 아니라 수십 년이 걸리리라는 사실을 우리는 늘 유념해야 한다. 지금도 여전히 장기적으로 볼 때 가장 성공적인 길이 무엇일지에 대해서는 딱 부러진 답이나 공식 같은 게 없다. 수많은 과학자들, 혁신적인 기업인과 경영자들은 이 어려운 과제를 풀기 위해 창의성과 역량을 총동원해야 할 것이다. 갖가지 난관에도 불구하고 우리는 희미하게 다가오고 있는 재앙을 극복하기 위해 과연 어떤 목적의식을 가져야 하는지 확실하게 인식할 수 있다. 정치적 틀이 갖춰져 있기만 하다면, 전 세계의 수많은 소비자들은 날마다 우리 경제가 지속가능한 발전으로 옮아가도록 돕는 구매 결정을 내릴 수 있다. 더욱이 국제적 관점에서 보자면 수많은 시민들이 의회를 통해 민주적으로 정치적 '노선'을 마련할 수도 있을 것이다.

최근 과학계 · 정치계 · 경제계는 자원 집약적인 서구의 번영 모델(오늘날 10억 명의 인구가 누리고 있는)이 나머지 50억 명(2050년이 되면 그 수는 최소 80억으로 불어날 것이다)에게까지는 확대될 수 없다는 데 의견을 같이한다. 인구가 지금 같은 추세로 증가한다면 조만간 지구의 생물물리적biophysical 수용 능력으로는 감당이 안 되는 지경에 이를 것이다. 현실이 이렇다는 데 대해서는 사실 논란의 여지가 없다. 다만 우리가 그 현실에서 어떤 결론을 이끌어내야 할 것인가가 문제일 뿐이다.

심각한 국가간 분쟁을 피하고자 한다면 선진국은 발전도상국이나 문지방국가threshold countries, 선진국 문턱에 다다른 국가보다 자원 소비량을 한층 더 줄여야 한다. 앞으로 모든 국가는 비슷한 소비 수준을 유지해야 한다. 그래야 발전도상국이나 문지방국가에게도 적절한 번영 수준을 보장해 줄 수 있는 생태적 여지가 생긴다.

이처럼 장기적 조정을 거치는 동안 서구 사회의 번영 수준이 급속도로 악화되지 않도록 하려면, 높은 자원 이용 경제에서 낮은 자원 이용 경제로, 즉 생태적 시장경제로 한시바삐 옮아가야 한다.

한편 발전도상국과 문지방국가도 머잖아 인구 증가를 억제하는 데 힘을 쏟아야 할 것이다. 1994년 카이로에서 유엔 국제인구발전

회의International Conference on Population and Development: ICPD가 채택한 20년 실천 프로그램은 선진국의 강력한 지지를 기반으로 이행되어야 한다.

만약 인류가 자원과 에너지의 효율을 대폭 개선하는 데, 그리고 인구 성장을 지속가능한 방식으로 조절해 가는 데 성공하지 못한다면, 우리는 생태 독재eco-dictatorship라는 위험을 무릅써야 할지도 모른다. 유엔의 예견대로 세계 인구는 21세기 말 110억에서 120억 명으로 불어날 것이다. 에른스트 울리히 폰 바이츠제커Ernst Ulrich von Weizsäcker가 말했다. "국가는 안타깝게도 제한된 자원을 분배하고, 경제 활동을 시시콜콜한 부분까지 통제하고, 환경에 이롭도록 시민들에게 해도 되는 일과 해서는 안 되는 일까지 일일이 제시하게 될 것이다. '삶의 질' 전문가들이 인간의 어떤 욕구는 충족될 수 있고, 또 어떤 욕구는 충족될 수 없는지를 거의 독재자처럼 하나하나 규정하게 될는지도 모른다."(『지구정치학』*Earth Politics*)

때가 무르익다

이제 근원적이고 비판적으로 재고해 보아야 할 때가 되었다. 대중은 자신이 어떤 유의 미래를 원하는지 결정해야 한다. 진보, 삶의 질은 해마다 일인당 국민 소득이 얼마 증가하느냐에 달린 게 아니며, 우리의 욕구를 충족시키는 데 그렇게나 많은 재화가 필요한 것도 아니다. 이윤 극대화나 자본 축적 같은 단기적 경제 목표야말로 지속가능한 발전의 가장 큰 걸림돌이다. 우리는 지방분권화되어 있던 과거의 경제로 되돌아가야 하고, 그리고 세계 무역이나 그와 관련한 에너지 낭비를 의식적으로 줄여가야 한다. 만약 자원이나 에너지에 '제값'을 지불해야 한다면 세계적인 합리화나 노동 배제 과정도 달라질 것이다. 비용에 따른 압박이 원자재나 에너지 분야로 옮아갈 것이기 때문이다.

지속가능성을 추구하려면 엄청난 기술 혁신이 필요하다. 하지만 모든 것을 기술적으로 혁신해야 하는 것은 아니다. 삶의 모든 영역을 경제 제도의 명령 아래 놔두려 해서도 안 된다. 모든 이들이 정의와 평등을 누리는 것은 도덕적이고 윤리적인 요청일 뿐 아니라 길게 봐서는 세계 평화를 보장하는 가장 중요한 수단이기도 하다. 그러므로 권력층뿐 아니라 모든 이들이 공감할 수 있는 새로운 토대 위에 국가와 국민의 정치 관계를 구축해야 한다. 또한 국제 차원에서 합의한 원칙 없이는 이 시리즈에서 논의하고 있는 그 어떤 분야에서도 지속가능성을 실현하기 어렵다.

마지막으로, 지금 같은 추세라면 21세기 말쯤에는 세계 인구가 110억에서 120억 명에 이를 것으로 추산되는데, 과연 우리 인류에게 그 정도로까지 번식을 해서 지구상의 공간을 모조리 차지하고 그 어느 때보다 극심하게 다른 생물종의 서식지와 생활양식을 제약하거나 파괴할 권리가 있는지 곰곰이 따져보아야 한다.

미래는 미리 정해져 있지 않다. 우리의 실천으로 스스로 만들어가야 한다. 우리는 지금껏 해오던 대로 할 수도 있지만 그렇게 한다면

50년쯤 후엔 자연의 생물물리학적인 제약에 억눌리게 될 것이다. 이것은 아마도 불길한 정치적 함의를 띠는 것이리라. 하지만 아직까지는 우리 자신과 미래 세대에게 좀 더 공평하고 생명력 있는 미래를 열어줄 기회 또한 있다. 그 기회를 잡으려면 이 행성 위에 살아가는 모든 이들의 열정과 헌신이 필요하다.

2008년 여름

클라우스 비간트Klaus Wiegandt

지은이 서문

요즘 일간지들을 보면, 에너지 공급이 불안하다느니 에너지 가격이 치솟고 있다느니 하는 따위의 기사가 실리지 않은 주週가 거의 없는 것 같다. 에너지는 일상적인 문제가 되었다. 어떻게 하면 에너지를 절약할 수 있는지, 대체에너지는 얼마나 기여할 수 있는지에 관한 얘기도 분분하다.

그러나 다양한 문제를 비교 분석할 수 있게 해주는 있는 그대로의 기초적 사실들은 빠져 있다. 내가 이 책을 쓴 것은 그 빈 공간을 메우기 위해서이다. 이 책은 먼저 다양한 형태의 에너지를 설명하고, 전 세계의 공급 및 소비 현황을 소개한다. 또한 천연자원 매장지 접근 문제를 다루고, 에너지 소비와 지속가능한 발전 사이의 갈등 양상도 살펴본다.

나는 세 차원에서 논의를 전개했다. 첫째, 에너지 소비와 인구 증가에서 부국과 빈국 사이에 불균형이 존재한다고 보는 차원. 둘째,

예컨대 독일 같은 선진국에서 에너지 공급과 소비가 어떻게 이루어지는가를 고찰하는 차원. 마지막으로 셋째, 개개인의 에너지 수요를 관찰하는 차원. 에너지 문제를 총체적으로 파악하려면 이 세 가지 차원을 종합해야 한다는 게 내 생각이다.

나는 이 책에서 새롭게 밝혀진 중요한 사실들과 그 영향 및 결과의 전후 맥락들을 충실하게 설명하고자 했다. 그러나 현재 고려되고 있거나 미래에 생각해 볼 수 있는 기술적 · 경제적 선택지 모두를 이 책 한 권에 담기란 불가능하다.

인류의 미래를 다루는 전체 시리즈와 마찬가지로 이 책 역시 클라우스 비간트Klaus Wiegandt의 제안으로 태어났다. 그는 책임성포럼Forum für Verantwortung의 창립자이자 회장이다. 인류의 미래라는 주제에 헌신적으로 천착하고 계신 비간트에게 심심한 감사의 인사를 드린다.

슈테파니 베버Stefanie Weber, 특히 마누엘라 쾨터Manuela Kötter의 도움이 없었다면 이 책을 쓸 수 없었을 것이다. 두 분의 원고 작업, 여러 제안, 몇 가지 사안에 대한 비판적 논평에 대해 이 자리를 빌려 충심으로 감사의 인사를 드리고 싶다.

필 힐Phil Hill은 독일어로 출판된 이 책을 영어로 옮겨주었고, 유익한 논평도 해주었다. 그에게도 고마운 마음을 전한다.

헤르만-요제프 바그너

• 차례 •

제5부 에너지 사용과 환경

제6부 희망의 빛: 에너지 효율성과 재생 가능 에너지

일러두기

- 본문 중 오른쪽에 ■ 기호가 붙은 용어는 본문 뒤 부록으로 실은 「용어 설명」에서 자세한 내용을 확인할 수 있습니다.
- 이 책 16~17쪽에 나오는 지속가능성 시리즈의 책 제목들은 처음 세 권을 제외하고는 아직 한국어 판이 나오지 않은 것들로, 추후 한국어 판이 출간될 때에 그 제목이 바뀔 수 있습니다.

제1부

에너지의 다양한 모습

1 에너지의 여러 형태와 단위

우리에게 에너지는 일상에서 늘 접할 수 있는 아주 친숙한 것이다. 전기, 가스, 휘발유 등등이 말이다. 우리는 학교에서 전기에너지가 있고 기계에너지가 있으며 이것 말고도 또 다른 형태의 에너지가 있다는 걸 배웠다. 에너지는 여러 형태로 존재하고, 사용된다.

— 높이 차로 발생하는 위치에너지, 예컨대 수력 전기
— 운동하는 입자들에서 비롯하는 운동에너지, 예컨대 풍력
— 화학에너지, 예컨대 석탄에 들어 있는 에너지
— 열에너지, 예컨대 타고 있는 석탄에서 나오는 열
— 전기에너지, 배전망의 전력
— 전자기에너지, 예컨대 극초단파
— 핵에너지, 핵분열■ 및 핵융합■ 에너지

에너지는 "시스템"이 일을 할 수 있는 능력이다. 에너지는 한 시스템에서 다른 시스템으로 다음의 세 가지 방식을 통해 전달될 수 있다.

— 벨트 구동에서처럼 기계적 작업을 수행함으로써
— 증기 기관에서처럼 열을 교환함으로써
— 전기 모터에서처럼 전자기장을 통해

물리학에 기초해 말하자면 에너지는 한 형태에서 다른 형태로 변환될 수 있다. 실용적인 측면에서 특별히 중요한 것은 열에너지와 전기에너지이다.

오늘날 인류가 필요로 하는 에너지의 가운데 많은 몫이, 연소되면서 열을 내뿜는 에너지원■에 의해 충당되고 있다. 이때 나오는 열이 바로 열에너지다. 물리학의 법칙 때문에, 생산되는 열에너지가 모두 기계적 에너지로 변환되지는 않고, 그 가운데 일부만이 기계적 에너지가 된다. 연소 과정의 최고 공정 온도가 높을수록, 그리고 최저 공정 온도가 낮을수록 이 몫이 커진다. 최고 공정 온도는 설비가 갖는 물질적 특성에 제약을 받는다. 최저 공정 온도는 주변 환경의 온도에 좌우된다.

변환되지 않은 열에너지는, 예컨대 난방 등의 목적으로 달리 사용되지 않을 경우에는, 폐열의 형태로 계속해서 주변 다른 곳으로 옮겨져야 한다. 이런 요인들 때문에, 예컨대 가장 현대적이라는 증기 터빈 발전소에서조차 전기로 변환되는 것은 사용된 석탄의 45퍼센트밖에 안 된다. 나머지 에너지는 냉각탑을 거쳐 주변 환경으로 전달된다.

열에너지와 비교해 볼 때 전기에너지는 가치가 아주 크다. 별다른 손실 없이 다른 온갖 형태의 에너지로 변환이 가능하기 때문이다. 게다가 전기에너지는 금속으로 된 전송선만 있으면 쉽게 운반할 수 있다.

에너지는 물리학의 법칙 때문에 "새로 만들" 수도, "다 써서 없앨" 수도 없는데, 다만 한 형태에서 다른 형태로 변환될 뿐이다. 그런데 우리는 일상생활과 에너지 산업 모두에서 "에너지 생산"이니 "에너지 소비"니 하는 용어를 무시로 사용한다. 왜인고 하니, 경제에서 중요한 것은 생산자와 소비자의 관계에서 일어나는 행위들뿐이기 때문이다. 일단 "소비된(사용된)" 에너지는 더 이상 경제적인 가치를 갖지 않는다. 이것이 우리가 이 책에서도 그런 용어들을 사용하는 이유이다.

에너지 사슬

사람들이 사용하는 에너지는 1차 에너지원■에서 나온다. 자연계에 존재하는 에너지원들이 바로 1차 에너지원이다. 화석연료로 무연탄, 갈탄, 석유, 천연가스■가 있고, 핵연료로 우라늄■과 토륨이 있고, 또 재생 가능 에너지원으로 바이오매스biomass,■ 태양열, 풍

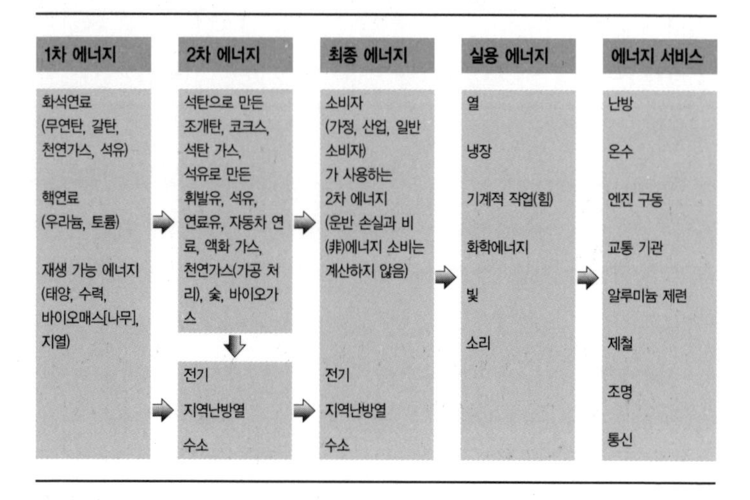

그림 1 에너지의 유형: 1차 에너지에서 에너지 수요를 결정하는 요인들로 이어지는 흐름

력, 수력, 지열, 조력潮力이 있다. 이들 1차 에너지원은 대개의 경우 직접 사용할 수가 없다. 그러니 이것들은 코크스, 조개탄, 연료유, 휘발유, 전기, 지역난방열 따위의 2차 에너지원으로 변환해야만 한다.(그림 1) 2차 에너지원 가운데 이를테면 연료유와 휘발유는 그것들이 가진 화학적 특성에 준해서, 전기는 물리적 특성에 준해서 표준화 · 규격화되어 있다. 휘발유는 어느 주유소에서 넣더라도 화학 조성이 언제나 동일하다. 집집마다 설치되어 있는 콘센트에 플러그를 꽂아 쓸 수 있는 전기는 전압과 주파수가 항상 일정하다. 그런가 하면, 2차 에너지원이 다시 변환되는 경우도 있다. 중질重質 연료유가 전력 생산을 위해 다시 사용되는 경우가 그렇다.

2차 에너지원은 그것을 직접 사용하는 "소비자들"에게 운송된다. 에너지 통계에서는 이것들을 최종 에너지원■이라고 부른다.

가정, 소매업, 상업, 산업, 운송업 등 각 부문의 소비자들이 필요로 하는 것은 결국 이런 실용 에너지다. 난방과 요리를 할 때, 온수를 쓸 때, 전등을 켜고 냉장고와 오디오를 사용할 때, 자동차 엔진에 시동을 걸 때 등등에 필요한 에너지.

에너지가 한 형태에서 다른 형태로 변환될 때에는 기술적인 이유로, 또 때때로는 물리적인 이유로 "손실"이 발생한다. 예컨대 독일의 경우 오늘날의 기술 수준에서 실제 실용 에너지로 사용 가능한 양은 평균 잡아, 투입되는 1차 에너지원의 고작 3분의 1 정도에 불과하다.

에너지를 사용하는 진짜 엔진은 사람이다. 사람들은 음식, 따뜻한 방, 안락함을 필요로 한다. 따라서 에너지 수요량은 사람들 각자의 생활수준과 경제 활동 능력에 좌우된다. 바로 이 에너지 수요량이 이른바 에너지 서비스■를 결정한다. 예컨대,

— 일정한 온도로 냉방하고, 난방하는 공간의 용적
— 특정한 속도로 (예컨대, 자동차나 기차 따위를 이용해) 한 장소에서 다른 장소로 이동하는 행위
— 전등을 켤 공간의 밝기 정도와 면적
— (생산 공정에서) 제련할 알루미늄, 철, 구리 등의 양

이처럼 에너지 사슬을 분석해 보면 우리는 벌써, 에너지가 환경에 끼치는 영향을 줄일 수 있는 실천 행동의 가능성이 크게 두 가지 존재함을 알 수 있다.

— 우리가 에너지 수요를 결정하는 요인들을 줄일 수 있다. 개별 가정의 난방 온도를 낮추고, 자동차 사용을 줄이고, 난방하는 공간을 좁히면 온갖 부문과 단계에서 필요 에너지의 양을 덜 수 있고, 관련해서 생태계 파괴도 줄일 수 있다.

— 기술을 개발해서, 동일량의 실용 에너지 수요를 충족시킬 다양한 에너지 사슬을 제공할 수 있다. 예컨대, 같은 용적의 공간을 데울 때 갈탄 발전소의 전기로 축열 난방을 할 수도 있고(에너지 사슬: 갈탄-전기-난방열) 가스 난방을 할 수도 있다(에너지 사슬: 갓 채굴된 천연가스-가공 처리된 천연가스-난방열). 두 번째 경우가 첫 번째 경우보다 에너지 손실이 더 적다.

수요 결정 원인이 똑같다 해도 거기에 필요한 실용 에너지의 양은 천차만별일 가능성도 있다. 공간을 난방하고 냉방하는 경우를 생각해 보면 이 사실을 분명하게 알 수 있다. 양질의 단열재를 쓰면 열 손실이 줄어들고, 품질이 형편없는 단열재를 쓰면 열 손실이 늘어난다. 어떤 공간을 일정한 온도로 난방하거나 냉방하려고 할 때 필요한 실용 에너지의 양이 달라질 수 있는 것이다.

단위와 약호들의 접두사			
킬로	**K**	10^3	천
메가	**M**	10^6	100만
기가	**G**	10^9	10억
테라	**T**	10^{12}	조
페타	**P**	10^{15}	1000조
엑사	**E**	10^{18}	100경

1US(액체) 갤런	=3.79 리터
1bbl(석유 배럴)	=159 리터
100만 bbl/day	=5000만 t/yr.
1British thermal unit(BTU)	=1.055kJ

환산 계수				
단위	**MJ**	**kWh**	**TCE**	**TOE**
1메가줄(MJ)	–	0.000278	0.000034	0.000024
1킬로와트시(kWh)	3600	–	0.000123	0.000086
1석탄환산톤(ton coal unit; TCE)	29,308	8.140	–	0.7
1석유환산톤(ton crude oil unit; TOE)	41,868	11.630	1.429	–

표 1 에너지 단위들의 변환(약호들은 본문을 보라.)

에너지의 단위

에너지 산업과 에너지 기술은 굉장히 많은 에너지 단위(도량형)를 사용한다. 에너지 소비, 에너지 수요, 여러 에너지원의 상이한 자료를 비교하기가 어려운 이유이다. 이런 어려움을 덜기 위해 자주 사용되는 단위, 접두어, 환산 계수를 표로 정리해 보았다.(표 1)

1960년 국제단위계SI가 도입되면서 줄(J)과 킬로와트시(kWh)가 에너지의 기본 단위가 되었지만, 실제에서는 명료하게 인식된다는 이유로 "석탄환산톤"tons of coal equivalent: TCE과 "석유환산톤"tons of oil equivalent ; TOE 같은 단위들이 여전히 빈번하게 사용되고 있다. 예컨대, 1TCE는 무연탄 1톤에 들어 있는 에너지량■이고, 1TOE는 특정한 브랜드의 원유■ 1톤을 태울 때 발생하는 에너지량이다. 석유산업에서는 계량의 단위로 전 세계에 걸쳐 "배럴"barrel ; bbl 또는 B■도 사용한다. 배럴은 석유를 선적 수송하는 데 사용하던 표준 용기였다.

SI 단위에서 일률(주로 전력)의 단위는 와트(W)watt이다. 전구의 전력은 와트로, 자동차의 일률은 킬로와트(kW=1,000와트)로, 발전소의 전력은 메가와트(MW=1,000,000와트)로 측정한다. 화력 발전소에서는 터빈에 들어갈 때 증기가 함유한 에너지량인 열 출력(열량)thermal output과 발전기가 생산하는 전기 출력(전기량, 전력)power output을 구분한다. 열 출력량은 MW_{th}, 전기 출력량은 MW_{e}로 주로 표시한다.

가정의 전력 소비량은 킬로와트시(kWh)로 나타낸다. 예컨대, 개인용 컴퓨터 한 대를 프린터와 함께 일곱 시간 동안 사용하면 1킬로와트시의 전력이 소모된다. 가구당 전력 소비량은 연간 3,000~6,000킬로와트시 정도이다. 반면 국가 단위의 전력 생산량은 테라와트시(TWh)로 표시한다. 1테라와트시는 10억 킬로와트시이다.

한 나라나 전 세계가 소비하는 1차 에너지의 총량을 논의하려면 훨씬 더 큰 단위가 필요하다. 페타줄(PJ)이나 엑사줄(EJ) 같은 것이 그것이다. 1페타줄은 1000조 줄이고, 1엑사줄은 100경 줄이다. 이렇게 상상할 수도 없는 큰 수치가 나오는 건 1줄이 표시하는 에너지량이 대단히 적기 때문이다. 예컨대, 1킬로와트시의 전력만 해도 벌써 3,600,000줄, 곧 3.6메가줄(MJ)이다.

우리는 일상생활에서도 쉽게 '줄'이라는 단위를 접하곤 한다. 식품 성분 분석표들만 봐도 그런데, 성인 한 명이 하루에 섭취해야 하는 음식물의 양은 에너지로 환산하면 약 7,000~10,000킬로줄이다(흔히 "킬로"를 빼고 쓰는데, 이는 잘못된 것이다). 10,000킬로줄을 다른 에너지 단위로 환산하면 약 2.8킬로와트시에 해당한다. 연료유 약 0.28리터의 발열량■쯤 된다. 물론 먹는 행위에는 단순한 에너지 변환 이상의 의미가 담겨 있기는 하다.

이 책에서는 가끔씩 한꺼번에 여러 에너지 단위를 사용할 것이다. 줄이나 킬로와트시 같은 에너지 단위가 효과적인 설명에 별로 보탬이 안 되기 때문인데, 원유의 리터를 표시하는 TOE로 에너지량을 기술하는 일이 많을 것이다. 이렇게 하면 에너지 소비량을 시각적으로 더 생생하게 파악할 수 있다. 예컨대, "석탄환산톤", 곧 TCE 얘기가 나오면 독자 여러분께서는 약 15톤의 화물을 운반할 수 있는, 트레일러가 달린 트럭을 떠올리면 된다. 마찬가지로 "석유환산톤", 곧 TOE가 나오면 무게가 약 18톤에 달하는, 석유 21,000리터를 적재한 대형 유조차를 머릿속에 떠올리면 된다.

2 자연의 에너지 공급

인류가 역사상 최초로 사용한 에너지의 형태는 재생 가능 에너지였다. 이미 기원전 몇 세기 때부터 배를 운항하고, 풍차를 돌리고, 수차를 가동하는 데 재생 가능 에너지를 사용하고 있었다. 바람과 물의 흐름을 이용한 것은 기계를 통해 얻은 에너지였다. 열에너지는 태양으로부터 직접 취하거나, 태양에너지 덕택에 자란 나무를 태워서 얻었다. 인구가 늘고 인류가 정착 생활을 시작하면서, 중세 중유럽 여러 지역에서는 에너지원인 나무의 품귀 현상이 빚어졌다. 영국 사람들은 9세기에 벌써 무연탄의 존재를 알고 있었다. 그러나 당시의 생산 기술로 채굴된 양은 보잘것없었다. 그러다 1769년 증기 기관이 발명되고 이어서 발전기가 등장하는 등 에너지 기술이 혁신적으로 발전하면서 완전히 새로운 세상이 열렸다. 생산은 물론 이동수단의 기계화가 촉진된 것이다. 무연탄과 그 밖의 광석들도 대량으로 채굴할 수 있게 됐다.

사람들의 생활수준은 놀라울 정도로 향상되었다. 사람들이 석유에 주목한 건 비교적 최근의 일이다. 그러나 일단 개발되기 시작하자 석유는 에너지 공급의 측면에서 인류에게 가장 중요한 에너지원으로 급속히 자리매김했다. 이는 석유의 특성 때문에 가능한 일이었고, 그런 지위는 오늘날까지 계속 유지되고 있다. 천연가스와 핵에너지는 훨씬 더 최근에 에너지원으로 추가된 것들이다.

오늘날 선진 공업국들의 에너지 공급망에서 장작(땔나무)과 토탄土炭은 더 이상 중요한 요소가 아니다. 그러나 가난한 발전도상국들의 농촌 주민들에게는 장작이 여전히 중요한 에너지원이다. 장작을 사고팔기도 한다. 장작은 주로 요리를 하는 데 쓰인다. 일반적으로 숲이 복원되는 속도보다 나무가 장작으로 잘려나가는 속도가 훨씬 더 빠르다. 이런 현실은 흔히 환경에 재앙과 같은 결과를 가져다준다. 사막이 넓어지고 있다. 아프리카의 사하라 사막 이남 지역이 대표적인 예이다. 이 지역의 관목들이 사라진 탓이다. 마다가스카르에서는 우기에 장마가 들면 재조림再造林이 불가능해질 정도로 사면斜面의 표토가 씻겨 내려가 버린다. 목재 사용량을 공식으로 조사한 통계는 전무하다. 그러나 그래도 굳이 추정을 해보자면 현재 전 세계 에너지 소비량의 5퍼센트 정도를 나무가 담당하고 있는 것 같다.

이 장에서 우리는 자연계에 존재하는 각종 에너지의 형태를 간략하게 설명한다. 그것들을 확보하고, 사용 가능한 에너지원으로 변환하는 방식도 소개할 것이다. 독자 여러분은 이런 설명을 통해 그런 자원을 확보하고 처리하는 데 따르는 기술적 활동, 환경이 받는 영향, 경제적 · 정치적 부수 효과 따위를 얼추 짐작할 수 있게 될 것이다.

석탄

석탄은 매장지의 생성 연대에 따라 품질이 달라진다. 우선 갈탄과 무연탄, 이렇게 크게 두 가지로 나눌 수 있다. 갈색을 띤다고 해서 '갈탄'이라 불리는 종류의 석탄은 지질학적 생성 연대가 비교적 가까운 층에 존재한다. 갈탄은 전 세계 몇 나라에서만 볼 수 있다. 독일이 그 가운데 하나다. 쾰른과 아헨 사이의 라인란트, 베를린 동남부의 라우지츠, 라이프치히 북서부의 중부 독일이 갈탄의 주요 매장지이다. 광산에 따라 다르지만 갈탄은 지하 150미터까지 내려가야 채굴이 가능한 경우도 있다. 갈탄의 매장지가 인구 밀도가 높은 지역에 있기 때문에 새로운 노천광을 개발하려면 주민을 이주시켜야 한다. 길이가 무려 200미터에 이르고, 높이가 150미터인 대형 굴착기로 갈탄을 채취하려면 먼저 이른바 토피土皮, overburden라고 하는, 탄층 위의 표토를 걷어내야 한다. 채굴 과정의 잔해는 개발이 끝난 근처의 갈탄 광산 구덩이로 옮기거나 노천광 근처에 쌓아서 인공 둔덕을 만든다. 유럽 최대의 갈탄 노천광 바로 옆에 위치한 월리히 외곽의 라인란트에 그런 엄청난 언덕이 있다. 높이가 거의 200미터에 이르는 이 둔덕은 주변의 경관을 압도한다. 채굴 과정에서 구덩이로 물이 유입되는 것을 막으려면 그 주변의 상당히 넓은 지역에서 지하수를 펌프로 빼내야 한다. 광산 주변을 보면 그 아래 지하수의 수위가 변함에 따라 분화구 형태의 함몰지가 생기는데, 그것이 바로 이런 이유 때문이다. 갈탄은 발열량이 적고, 수분 함유량이 많다. 겨울에는 컨베이어벨트와 철도 화차에 적하된 갈탄이 꽁꽁 얼어버리기도 한다. 갈탄의 원거리 운송이 경제적으로 권할 만한 일이 못 되는 이유다. 그래서 갈탄은 대개의 경우 노천광에서 컨베이어벨트로 인근의 발전소까지 직접 운반한다. 그러니 갈탄 매장지의 위치에 따라 발전소의 입지가 결정된다. 다행스럽게도 갈탄의 탄층은 아주 두껍다. 70미터에 이르는 경우도 있다. 대형 굴착기를 동원해 채굴을 해도 채산성이 맞는 이유다. 비용의 관점에서 보면 갈탄은 매우 좋은 에너지원이다. 채굴이 완료되면 그 광산 위에 토피를 덮는다. 예컨대, 동일한 노천광 내에서 토피가 한 곳에서 다른 곳으로 옮겨지는 셈이다. 개발이 완료된 광산은 대체로 위락 목적의 호수로 조성된다.

갈탄은 추가 공정 없이 바로 발전소의 노爐에 집어넣고 태운다. 과거에는 갈탄의 일부를 조개탄으로 만들어 가정 난방용과 산업 분야에서 사용하기도 했다. 그러나 이제는 석탄이 가정용 난방 연료 시장에서 더 이상 중요한 몫을 차지하지 못하고 있고, 조개탄 생산 역시 대폭 감소했다.

무연탄은 더 오래된 형태의 석탄이다. 무연탄은 종류가 아주 많고, 그 특성도 다양하다. 무연탄의 발열량은 갈탄 발열량의 평균 약

2.5배다. 전 세계의 무연탄은 지질학적 이유로 인해 접근 가능성에 커다란 차이가 있다. 규모와 탄층의 두께에서 독일의 갈탄 매장지와 유사한 무연탄 매장지가 미국과 호주에도 있다. 이들 광산에서도 역시 초대형 굴착기로 노천 채굴을 한다. 그렇게 수입된 무연탄은 독일 현지에서 채굴된 무연탄보다 훨씬 더 싼 값에 유럽 시장에 공급된다. 독일의 미채굴 무연탄 매장지는 지하 800~1,700미터 깊이에 위치한다. 탄층의 두께 또한 몇 미터에 불과하다. 이런 매장지는 대개의 경우 탄층의 경사가 매우 급격해서 기계 장비를 동원해도 채굴이 쉽지 않다. 독일은 무연탄 채굴 기술의 기계화 공정이 상당한 수준에 이르렀고, 생산량이 많아 노동력 비용도 어느 정도까지는 벌충할 수 있었다. 그럼에도 이런 악조건에서 생산된 석탄은 수입 석탄보다 더 비쌀 수밖에 없고, 그래서 보조금이 지급되고 있다. 독일의 무연탄 광산업계에 정치적 압력이 끊임없이 작용하는 이유다. 1950년대에 독일에서는 매년 1억 5000만 톤의 무연탄이 채굴되었다. 2005년 현재 그 양은 2600만 톤으로 줄어들었다. 무연탄 채굴업에서 단계적으로 완전 철수하는 것이 독일의 장기적인 정책 목표이다.

콜 플라우(석탄 쟁기)coal plow라고 하는 기계 장비를 사용하는 것도 석탄 채굴의 한 가지 방법이다. 석탄 매장지까지 수평 갱도를 평행으로 두 개 뚫는다. 두 개의 갱도는 약 100미터 정도 간격으로 떨어져 있다. 두 갱도를 연결한다. 그리고 연결 통로에 콜 플라우를 설치한다. 콜 플라우는 뾰족한 강철 손가락을 달고 있는 큼직한 손이라고 보면 된다. 체인으로 강철 손가락을 당기면 탄층을 떼어낼 수 있다. 이렇게 파낸 석탄은 컨베이어벨트로 떨어지고, 컨베이어벨트는 수직 갱도까지 석탄을 운반한다. 석탄은 수직 갱도에서 차량에 적재돼 지표로 운반된다. 무연탄은 발전소에서 사용된다. 제철 공정에 쓰이는 코크스 형태로 정련된 제품은 또 다른 용처이다. 과거에는 코크스 제조에 필요한 열을 얻기 위해 이른바 도시가스town gas를 사용했다. 오늘날에는 이 공정에 천연가스가 사용된다.

중유럽은 전 세계의 다른 석탄 매장지와 비교할 때 석탄 채굴의 지질학적 여건이 상당히 열악하다. 많은 유럽 국가가 이미 20년 전에 무연탄 광산업을 중단하거나 대폭 축소했다. 벨기에와 네덜란드는 무연탄 채굴을 완전히 중단했고, 영국, 독일, 폴란드는 축소 중이다.

갈탄과 무연탄에는 모두 황이 들어 있다. 황은 태우면 오염 물질인 이산화황■을 만든다. 현대식 발전소에서는 화학 공정을 통해 연도 가스燃道-, flue gas에서 이산화황을 제거한다.

석유

시추 설비만 있으면 육지에서든 바다에서든 석유를 채굴할 수 있다. 석유는 다공질多孔質의 모래와 바위 층에 들어 있다. 석유 광상은 그 깊이가 약 3,000미터에 이르기도 한다. 이 석유 광상에는 가스 상태의 탄화수소가 들어 있는 경우가 많은데, 이는 암석과 흙의 압력이 합쳐지면서 석유 광상의 압력이 매우 높아지기 때문이다. 석유 광상을 시추하면 이 압력으로 원유가 쏟아져 나온다. 이른바 1차 채수primary recovery■라는 것이다. 현재 원유를 생산하는 대다수의 유정은 이 방법으로 운영된다. 석유 광상의 압력이 떨어지면(자연적으로 너무 낮아지면) 인위적으로 압력을 발생시켜야 한다. 수증기나 이산화탄소■를 주입해 그렇게 할 수 있는데, 이게 2차 채수secondary recovery■다. 원유의 점도를 떨어뜨려 채수 가능성을 높이는 방법으로 화학 물질이 광상에 주입되기도 한다. 이걸 3차 채수tertiary/enhanced recovery■라고 한다. 1차 채수로는 통상 광상의 원유를 25퍼센트밖에 뽑아내지 못한다. 대부분의 석유가 땅속에 그대로 남아 있는 셈이다. 1차 채수로 얻을 수 있는 양은 천차만별이다. 상황이 아주 좋을 경우에는 40퍼센트에 이르기도 하지만, (흙의 압력이 변변치 않고, 석유의 점도가 높아서) 형편이 나쁠 경우에는 10퍼센트도 채 넘지 못한다. 2차 및 3차 채수 공정을 동원하면 원유 생산량을 평균 최고 45퍼센트까지 끌어올릴 수 있다. 1차 채수로 얻는 산출량에 더해 약 30퍼센트나 원유를 더 뽑아낼 수 있다는 얘기이다.

채굴된 원유에는 분자의 크기가 제각각인 다양한 탄화수소들이 복잡하게 섞여 있다. 탄화수소들은 대부분이 사슬 모양 아니면 고리 모양으로, 사슬 모양 탄화수소는 이른바 파라핀 계열이고, 고리 모양 탄화수소로는 나프텐이나 방향족 탄화수소가 있다. 긴 사슬 모양의 비율이 높을수록 석유의 비중량이 더 무거운데, 시장에서 잘 팔리는 것은 경량의 제품인 탓에 결국 더 많은 처리 공정이 필요하게 된다. 북해산 브렌트유나 사우디아라비아산 아라비안라이트Arabian Light 같은 경질유輕質油들은 수요가 아주 많아서, 세계 시장에서 값도 더 비싸게 쳐준다. 베네수엘라산 원유 같은 중질유重質油는 인기가 그만 못하다. 갓 채굴한 석유, 곧 원유는 쓸 데가 거의 없다. 존 D. 록펠러John D. Rockefeller가 원유는 달구지 수레바퀴에도 바를 수 없다고 한 말이 유명하다. 정제 시설을 거친 석유 제품만이 상업적으로 사용 가능하다. 정제 공정은 기본적으로 세 단계로 구성된다. 1단계인 증류 공정에서는 다양한 사슬들이 분류탑 속에서 가열 과정을 거치면서 제각각의 끓는점에 따라 분리된다. 이른바 경질輕質, 중질中質, 중질重質로 분류되는 것이다. 경질의 유분溜分이 최대한 많이 나와야 좋다. 시장에서 수요가 가장 많은 제품은 경질 유분을 가공 처리해서 만들어진 것들이기 때문이다. 항공기 연료, 자동차의 휘발유, 화학 산업에 투입되는 원료는 전부 경질 유분 제품이다. 2단계에서는 중질重質 유분의 몫이 줄어든다. 남아 있던 긴 사슬들을 가압과 가열을 통해 분해하면서 수소를 첨가하면 짧은 사슬들이 새롭게 만들어진다. 이렇게 해서 경질 유분이 나온다. 마지막 3단계 가공 공정에서는 국제 표준이 요구하는 규격에 맞춰 개별 제품이 정련된다. 그러니 예컨대 우리가 자동차에 휘발유를 넣을 때 어느 주유소의 제품을 택하더라도 규격 혹은 품질은 똑같다는 말이다.

중량重量의 제품을 전부 경량이나 중량中量의 제품(예컨대 연료유나 디젤유)으로 변환하는 것은 기술적으로 불가능하다. 현대식 석유

정제 시설은 원유 1배럴로 경질 제품 약 300킬로그램, 중질中質 제품 약 400킬로그램, 중질重質 제품 약 300킬로그램을 생산한다. 중질重質 연료유는 흔히 발전發電이나 공업에서 연료로 사용된다. 이 중질 연료유는 상온에서 당밀처럼 걸쭉하기 때문에 펌프로 주입하거나 빼낼 수 있으려면 섭씨 100도 이상까지 가열해야 한다. 원유에도 무연탄처럼 황이 들어 있다. 그 비율은 원유의 조성 기원에 따라 매우 다양하다. 정련 제품에 여전히 황이 남아 있다면 그것을 태울 때 이산화황이 나온다. 따라서 탈황 설비로 연도 가스에서 황을 분리해야만 한다. 아니면 석유 정제 공장에서 아예 처음부터 원유에 수소를 첨가해 황을 제거할 수도 있다. 이런 공정을 거쳐 예컨대 가정에서 사용하는 경질의 연료유와 운송 기관에 사용하는 디젤유가 만들어진다.

앞에서 설명한 석유 광상 외에도 세계 각지에는 유모혈암油母頁巖, oil shale과 유사油砂, oil sand 형태의 주요 석유 광상들이 있다. 이름에서 알 수 있듯이 이것들은 중질유重質油로 흠뻑 적셔진 사암 및 혈암층이다. 이것들은 일단 채굴을 한 다음 열을 가해 석유를 뽑아내는 채수 과정을 거친다. 현장 기화in-situ gasification 방법이라는 것도 있다. 현장에서 뜨거운 수증기를 주입해 석유를 기화한 다음 '빨대'로 빨아올리는 방법이다. 이 공정의 에너지 감사 기록은 다음과 같다. 역청사암tar sand 1톤에는 약 90리터의 석유가 들어 있다. 이 석유를 채취해 원유에 필적하는 형태로 가공하려면 약 20리터의 석유에 상당하는 에너지가 필요하다. 따라서 역청사암 1톤으로 얻을 수 있는 석유는 약 70리터인 셈이다.

이 공정을 수행하려면 넓은 땅이 필요하다. 광석이나 석탄을 노천에서 채굴하는 광경을 떠올려보면 된다. 근년에 원유의 세계 시장 가격이 지속적으로 상승했다. 이런 이유로 유사와 유모혈암에서 석유를 추출해 내는 사업이 소규모였다가 크게 성장했다. 현재 이 사업에 드는 제조 비용은 배럴당 약 40달러로 추정된다. 이는 석유수출국기구Organization of Petroleum Exporting Countries ; OPEC■ 국가들의 유전에서 현재 석유를 생산할 때 드는 비용보다 약 2.5배 더 많은 액수다.

천연가스

천연가스 광상도 석유 광상처럼 육지와 바다 모두에 존재한다. 대규모 매장지는 시베리아와 노르웨이 연안의 북해에 있는데, 천연가스 역시 석유만큼이나 깊은 곳에서 채굴된다. 광상의 압력은 천연가스를 지표로 밀어 올릴 만큼 충분히 크다. 갓 채굴된 천연가스는 지질학적 기원에 따라 품질이 천차만별이다. 또한 그것의 화학적 형태 그대로 즉시 소비자에게 보낼 수도 없다. 예컨대, 천연가스에는 중금속 성분이 들어 있다. 이른바 사워가스sour gas와 스위트가스sweet gas라는 구분도 존재한다. 둘 중에서는 스위트가스 광상이 지배적인 형태이다. sour('황 성분을 함유한')와 sweet('황 성분을 함유치 않은')라는 말은 천연가스 속에 들어 있는 황화수소H_2S 함유량을 가리킨다. 황화수소가 1퍼센트 이상이면 "사워가스"라고 하고, 5ppm 이하면 "스위트가스"라고 부른다. 그리고 그 사이이면 "린가스"lean gas라고 한다.

천연가스는 시추공에서부터 이미 가공되기 시작한다. 가스의 종류와 품질에 따라 다르겠지만 먼저 모래를 제거해야 한다. 그다음에는 글리콜이나 메탄올을 첨가한 후 건조시켜, 부식의 위험을 줄인다. 아주 긴 사슬 구조나 커다란 고리 모양 분자들을 가진, 더 많은 비율의 불안정 탄화수소는 응축해야만 한다. 정제소에서는 필요하다면 황화수소를 침전시키고 화학적 변환 과정을 거치게 해 황의 형태로 화학 공장에 보낸다. 천연가스에 들어 있는 이산화탄소도 저온처리로 제거해야 한다. 그다음 순서는 질소 제거 공정이다. 이 과정을 마치면 안전을 위해 냄새를 첨가한다. 이제 천연가스는 정제소를 떠나 소비자에게로 보내진다. 지름 1미터의 파이프라인은 약 80바의 압력으로 천연가스를 도시나 대량 구매자들(예컨대, 대규모 화학공장)에게 운반한다. 압력을 유지하려면 80~100킬로미터 간격으로 압축기를 설치해야 한다. 대개는 터빈으로 가동되는 압축기가 사용된다. 압축기는 파이프라인에서 꺼낸 천연가스 에너지로 가동된다. 예를 들어, 시베리아산 천연가스의 15퍼센트는 중부 유럽의 소비지로 운반되는 과정 자체에 사용된다. 이제 가스는 도시의 거리들 지하에 매설된 지역 단위 운반망을 통해 분배된다. 이때 압력은 약 3바이다. 이 3바의 압력은 다시 안전상의 이유로 수 밀리바의 압력으로 낮춰져 각 가정에 공급된다. 사람들을 보일러를 때고, 가스레인지로 요리를 한다.

석유와 천연가스 시추에는 돈이 많이 든다. 본전을 뽑을 때까지 시추공들을 최대한으로 이용하는 것도 다 이런 이유에서이다. 그러니까 1년 내내 구멍을 활짝 열어놓고 시추를 한다는 얘기이다. 천연가스 파이프라인도 비싼 건 마찬가지이기 때문에 똑같은 방침이 적용된다. 그러나 천연가스 소비량은 여름이 다르고 겨울이 또 다르다. 따라서 넘쳐나는 수입분을 수용해 보관하려면 추가로 저장 시설을 확충해야 한다. 예컨대, 40군데가 넘는 독일의 저장고들에 수용된 천연가스의 총량은 연간 가스 소비량의 약 20퍼센트에 달한다. 독일의 경우, 암석의 동굴이나 소금 광산의 공동空洞을 저장 시설로 이용한다. 이런 걸 동굴 저장이라고 한다. 혹독한 겨울을 나고 나면 이런 저장 시설들의 천연가스도 대개는 바닥나게 된다.

핵연료

자연계에 존재하는 유일한 분열성 핵연료는 우라늄 동위원소■ U-235로, 전체 천연 우라늄의 0.7퍼센트를 차지한다. 그런데 핵분열성 물질은 원자로에서도 만들 수 있다. 토륨 232를 인공 우라늄 233으로 변환하고, 통상적으로 비분열성을 띠는 우라늄 동위원소 U-238을 플루토늄 239와 그 이상의 동위원소로 변환하면 된다. 플루토늄 239는 원자로를 가동하면 자동으로 생긴다. 따라서 원자로를 일정 시간 운영한 후에는 원자력 발전소 내에 쌓인 플루토늄을 분열시켜서 전기를 생산할 수 있다. 우라늄은 미량 원소이다. 거의 모든 토양에 극소량으로만 존재한다는 얘기이다. 이는 지구상에 "자연 방사선"이 존재하는 이유이기도 하다. 우라늄과, 우라늄의 방사성 붕괴로 만들어지는 분열성 산물은 아주 흔하다. 예컨대, 라돈 문제가 잘 알려져 있다. 라돈은 특정한 건축 재료에서 빠져나와 자연스럽게 존재하는 비활성 기체다. 그런데 이 라돈이 환기가 제대로 되지 않는 등의 이유로 지나치게 쌓이면 인간의 건강에 위협을 가할 수도 있다.

자연계에 존재하는 우라늄 광상에는 약 2퍼센트 농도의 우라늄이 묻혀 있다. 이렇게 농도가 높은 우라늄은 캐나다의 서스캐처원 주에서 채굴된다. 지하 수백 미터 지점에서 우라늄을 찾아내, 땅속 깊은 곳까지 이어진 갱도에서 운행되는 대형 운반차로 꺼내온다. 이 공정의 최종 제품이 산화우라늄 U_3O_8 이다. 산화우라늄은 노란 색을 띠기 때문에 흔히 옐로케이크(우라늄염) yellow cake라고 불린다. 이 산화우라늄을 원료로 사용해 육불화우라늄 uranium hexafluoride을 만들고, 육불화우라늄은 가스 상태로 농축 시설에 투입된다. 여기서 아주 복잡한 기술 공정을 통해 동위원소 비율이 달라진다. 결국 이 우라늄은 농도 3~5퍼센트로 동위원소 U-235를 함유하게 된다. 원자력 발전소에서 사용하기에 알맞은 상태로 가공된 셈이다. 그렇게 해서 이제 연료봉에 주입되는 것은 이산화우라늄이다.

캐나다의 것과는 달리 우라늄 농도가 높지 않은 우라늄 광상에서는 흔히 다른 수많은 금속과 미량 원소 들이 거대한 노천광 형태로 함께 채굴된다. 농도가 낮으니 엄청난 양의 흙을 옮겨야 한다. 당연히 광범위한 지역이 파헤쳐진다. 그러나 딱히 우라늄만을 얻기 위해 그렇게 하는 것은 아니다. 일상생활에서 아주 폭넓게 사용되는 구리 역시 대규모 노천 광산에서 채굴된다. 구리도 1퍼센트 이하의 아주 낮은 농도로만 존재하기는 마찬가지이기 때문이다.

원자력 발전소를 1년 가동하려면 새 우라늄 약 25톤 정도가 필요하다. 같은 양의 전기를 생산하는 데 필요한 화석에너지원■과 비교하면 25톤은 그렇게 많은 게 아니다. 무연탄으로 같은 양의 전기를 생산하려면 250만 톤이 필요하다. 물론 이 25톤의 우라늄은 채굴 과정에서 파헤쳐야 하는 15,000~35,000톤의 광석, 곧 토양과 연계해서 고려해야 한다. 그러나 이 양조차도 무연탄 250만 톤에 비하면 적다. 우라늄은 대체로 인구 밀도가 낮은 지역에서 발견되기 때문에 우라늄 채굴로 인해 주민을 강제로 이주시키는 일은 국제적으로도 거의 없다.

재생 가능 에너지

인간의 시간 척도로 볼 때 전혀 고갈되지 않거나 아주 조금만 쓰이는 자연계의 에너지원을, 우리는 재생 가능 에너지라고 부른다. 예컨대, 태양에너지, 풍력, 수력, 지열 등이 그런 에너지원이다. 그림 2에 이런 재생 가능 에너지들의 사용법을 요약해 놓았다.

재생 가능 에너지는 그것이 생산되는 물리적 원인이 각기 다르다. 세 가지로 정리해 보자.

— 첫째는 자연 방사성 동위원소의 붕괴이다. 여기서 열이 발생한다(우라늄을 보라). 열은 뜨겁고 유동적인 지구 내부에서 지구 표면으로 전도된다. 자연은 우리 인류를 위해 발밑 바닥을 데워주는 중앙난방 시스템을 갖추고 있는 셈이다. 그런데 불행하게도 이 에너지의 밀도는 아주 낮아서, 예컨대 우리는 겨울에 신발을 안 신고는 돌아다닐 수 없고, 이 "히터"heater가 쌓인 눈을 녹이지도 못한다. 지구 표면에 도달하는 에너지는 제곱미터당 2~3밀리와트에 불과하다.

— 지열에너지■를 활용하는 것은 지구상의 예외적인 지점에서만 가능하다. 그런 예외적인 지점에는 온천 지대가 있다. 그러나 그런 곳에서도 지열에너지를 활용하는 데에는 한계가 있다. 화산 활동 지대도 보자. 여기서는 구멍을 뚫으면 지표와 아주 가까운 곳에서 뜨거운 암석층을 확인할 수 있다. 이런 예외 지점들을 이용할 수 없다면 남은 가능성은 통상의 지온地溫 변화도뿐이다. 땅속으로 1,000미터 내려갈 때마다 섭씨 약 30도의 온도 차가 발생한다. 4,000미터를 내려가면 120도의 온도 차를 확보할 수 있다는 얘기이다. 오늘날에는 이 정도 온도의 열도 상업적으로 활용할 수 있는 기술이 개발되어 있다. 미래에는 이 깊이에서 "고온 암체 이용 공정"hot dry rock process을 활용할 수 있게 될 것이다.

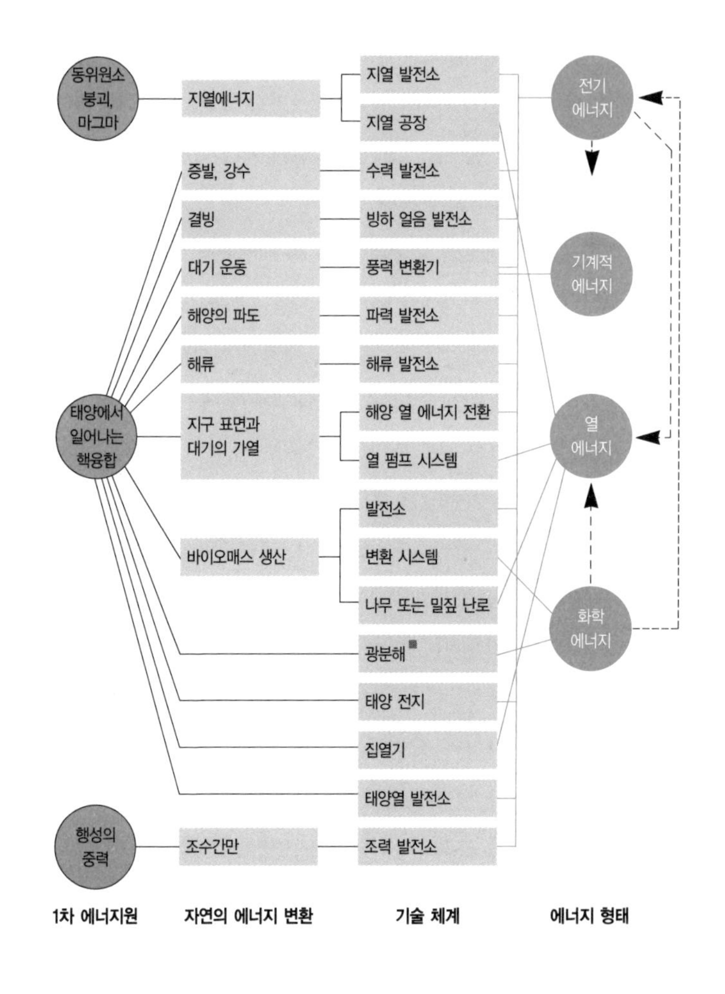

그림 2 재생 가능 에너지: 물리학적 기원과 변환 및 사용 가능성

— 지열 발전과 지열 생산 기술은 지질학적 예외 사태가 발생하는 지역들에서 최첨단을 달리고 있다. 예컨대, 아이슬란드는 자국 에너지 소비량의 절반을 지열에서 얻는다. 그러나 많은 경우 지열에너지 사용은 석유와 천연가스에 기초한 오늘날의 에너지 공급 방식과 비교할 때 상업적으로 적합하지 않다.

— 재생 가능 에너지의 두 번째 원천은 태양에서 일어나는 핵융합이다. 태양은 핵융합을 통해 지구에 복사에너지를 보내고, 우리는 이 에너지를 직접 활용할 수 있다. 예컨대, 태양열 시스템으로 물을 데울 수 있다. 그런데 자연은 태양열을 활용해 바이오매스도 생산한다. 예컨대, 수목이 생장하는 데도 태양열이 쓰이는 것이다. 지구 표면은 위치에 따라 태양열로 가열되는 정도가 다르다. 그 결과 바다에서 해류가 발생하고, 대기가 활발하게 움직인다. 뒤엣것을 우리는 풍력에너지라고 부른다. 물이 증발했다가 비나 눈으로 내리는 등의 기후 현상도 태양 복사에서 비롯한다. 인류는 고대부터 흐르는 물을 활용해 수력을 얻었다.

— 재생 가능 에너지의 세 번째 원천은 행성의 중력이다. 질량은 서로를 당긴다. 그렇게 지구와 달이 서로에게 인력을 미친 결과 조수간만이 발생한다. 인류는 여러 해에 걸쳐 조력에너지를 이용하려고 애를 썼지만, 현재까지는 이 에너지가 상업적 기준에서 활용할 만하지는 않은 것으로 평가되고 있다. 그래도 프랑스와 캐나다에 있는 주요 조력 발전소는 예외이다.

재생 가능 에너지의 한 가지 특징은 상시 활용이 불가능하다는 점이다. 수력과 지열에너지는 예외지만 태양열과 풍력에너지는 공급량이 요동을 친다. 어떤 경우에는 단지 확률론적으로만 이용할 수 있다. 에너지를 언제, 어떻게 사용할 수 있을지를 정확하게 예측할 수 없는 셈이다. 장기적 평균값을 안다 해도 불안정한 에너지원을 적절한 저장 시스템도 없이 기존의 에너지 시스템과 연결하는 것은 쉬운 일이 아니다. 우리는 태양이 데워준 물로 샤워만 하고 싶은 게 아니다. 언제든 필요할 때 마음껏 태양에너지를 갖다 쓰고 싶은 것이다. 우리는 바람이 불 때만 전기가 필요한 게 아니다. 우리는 양과 질 모두에서 항상 전기를 풍요롭게 누리고 싶다. 화석에너지원이 여전히 인류가 가장 많이 사용하는 에너지원이고 재생 가능 에너지는 그에 부가적으로 활용되는 한에는 재생 가능 에너지도 기존의 에너지 시스템에 충분히 흡수 동화될 수 있다. 비교적 소량만 생산되기 때문이다. 그러나 재생 가능 에너지가 전체 에너지 사용에서 점점 더 많은 몫을 차지하게 되면 저장은 물론이거니와 기존 에너지 시스템에 융통성 있게 적응하는 문제가 기술적 · 경제적 측면 모두에서 점점 더 긴급한 과제로 떠오를 것이다.

재생 가능 에너지를 활용하는 사업은 자본 집약적이다. 결국 소비자가 구매하기에 비싸다는 얘기이다. 우리가 자연한테서 제공 받는 재생 가능 에너지의 밀도가 낮기 때문에 이런 일이 벌어진다. 예컨대, 중부 유럽에서 태양 방사로 1제곱미터가 1년 동안 얻는 에너지를 화석에너지로 환산해 보면 석유 100리터 정도에 해당된다. 그런

데 불행하게도 이 에너지는 열역학적으로 봤을 때 석유의 품질에 미치지 못한다. 복사 방식이어서 사용할 수 있는 열을 제공할 때조차 온도가 상당히 낮은 것이다. 여름에 넘쳐나는 열을 저장했다가 겨울에 활용하려면 굉장히 많은 수고가 들어간다. 이를 달성하기에는 현재의 기술이 너무 미흡하다. 재생 가능 에너지의 변환과 사용 시스템은 에너지 효율성■을 높게 잡고 설계해야만 한다. 태양열과 풍력 에너지가 충분하지 않은 나라들에서는 특히 더 그렇다. 일사량이 풍부한 국가들의 경우는 태양에너지 이용 현황이 이와는 다르다. 우선 이들 국가는 일사량이 부족한 중부 유럽을 기준으로 했을 때 그 두 배의 태양에너지를 받는다. 태양 복사도 충분히 왕성하게 이루어져 간단한 기술 수단만으로도 샤워를 하기에 충분할 정도로 물을 데울 수 있다.

재생 가능 에너지를 활용할 수 있느냐 하는 문제는 아주 복잡하다. 어떤 종류의 재생 가능 에너지원을 고려하느냐가 제1차 관문일 것이다. 둘째는 활용할 수 있는 기술이 문제가 된다. 셋째는 전 세계적으로 매우 큰 편차를 보이는 공급량을 들 수 있다. 이 책 전체 여기저기에서 재생 가능 에너지 사용의 문제를 검토하는 것도 바로 이런 이유 때문이다.

제2부

에너지 소비와 인구 증가

3 오늘날의 에너지 소비량 통계

제2부에서는 독일을 예로 들어 에너지 소비 현황을 살펴보자.

서독의 1차 에너지 소비량은 1950년부터 1973년 제1차 석유 파동 때까지 꾸준히 증가했다. 그러다가 호조를 보이던 경제가 침체하면서 몇 년간 감소했고, 1979년까지 다시 증가했다. 그 후 제2차 석유 파동이 일어났고, 결부해서 모든 소비자 집단이 상당한 수준의 에너지 가격 상승을 감수해야 했다. 에너지를 절약하고, 보다 효율적으로 에너지를 사용하려는 노력과 조치들이 취해졌다. 그 결과 1차 에너지 소비량이 12,000페타줄(PJ), 그러니까 2억 7000만 석유환산톤(TOE) 이하 수준을 유지하게 됐다. 독일 통일도 초기에는 에너지 소비량에 영향을 끼쳤다. 1990년의 통계에 따르면, 그 수치가 약 15,000PJ, 곧 3억 5000만 TOE였다. 그러다 새로 편입된 구동독 주들의 경제가 재건, 안정되면서 1차 에너지 소비량도 다시 약간 감소했다. 2007년 현재 독일의 1차 에너지 소비량은 약 14,000PJ이다.

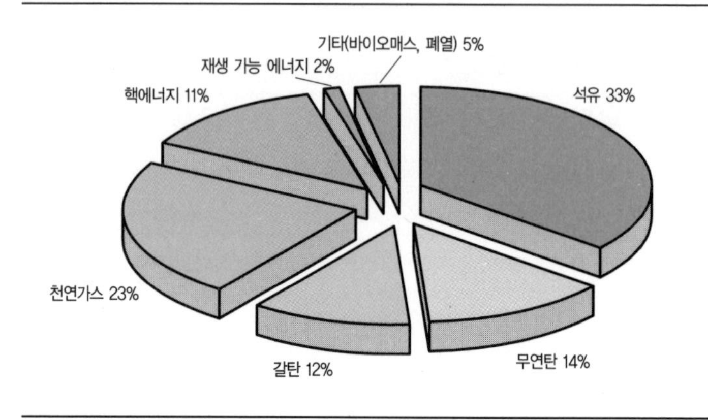

그림 3 2007년 독일의 1차 에너지 소비량 내역(에너지원을 기준으로)

독일은 전 세계 인구의 1.3퍼센트를 차지한다. 이 나라의 1차 에너지 소비량은 전 세계 소비량의 약 3.5퍼센트이다. 그림 3은 독일의 에너지 소비 현황에서 개별 에너지원이 차지하는 몫을 보여준다. 다른 모든 선진국들처럼 독일의 경우에도 석유가 가장 중요한 에너지원이다. 석탄(무연탄과 갈탄 모두), 천연가스, 핵에너지가 중요성 면에서 그다음 순위들을 차지하고 있다. 재생 가능 에너지는 오늘날까지도 1차 에너지 공급 부문에서 차지하는 비율이 1퍼센트를 약간 상회하는 수준에 불과하다. 석유는 운송용와 공업용 연료로 사용된다. 무연탄은 제철 산업에 쓰이는 코크스를 제조하는 데 쓰이고, 갈탄 및 핵에너지와 더불어 발전소의 전기 생산에도 사용된다. 천연가스는 각종 건물의 난방과 산업 분야의 공정열process heat 생산 시장을 장악하고 있다. 천연가스는 발전 용도로도 점점 더 많은 양이 사용되고 있다.

이런 1차 에너지 소비 개황은 1950년 이래 서로 구별되는 다섯 시기를 거치면서 형성되었다. ① 1950년대에는 무연탄이 주로 에너지를 공급했다. ② 1960년대 초반에는 자동차 교통이 확대되었고, 기름을 때는 중앙난방 시스템이 늘어났다. 그 결과로 에너지 공급의 기본 축이 석유 쪽으로 이동했다. ③ 1973년쯤에는 석유가 제1차 에너지 소비량의 약 55퍼센트를 공급했다. ④ 1970년대에는 천연가스가 차지하는 비율이 상당히 높아졌다. 1973년에 1차 석유 파동이 일어났고, 독일 정부가 "탈석유" 정책을 쓴 게 어느 정도 원인으로 작용했던 것이다. ⑤ 1980년대에는 원자력 발전이 확대되었다. 현 단계에서는 재생 가능 에너지의 비율을 늘리고, 원자력 발전은 단계적으로 축소 폐지하는 조치가 이루어지고 있다.

소비자가 사용하는 것은 최종 에너지end-use energy이다. 최종 에너지란 가공 처리한 1차 에너지원이라고 할 수 있다. 통계에서는 소비자 집단을 통상 네 가지로 분류한다.

— 가정 : 2006년에 최종 에너지를 29퍼센트 사용
— 운송 분야 : 28퍼센트 사용
— 산업계 : 28퍼센트 사용
— 상업 분야(무역, 판매, 서비스) : 15퍼센트 사용

동독과 서독은 원래 최종 에너지 소비 구조가 아주 달랐다. 이제는, 구동독의 주들에서는 지역난방이 더 많은 몫을 차지한다는 사실만 제외하면, 소비 구조가 대체로 비슷해졌다.

1차 에너지 소비량과 최종 에너지 소비량 수치를 비교해 보면 사용되는 1차 에너지의 약 3분의 2만이 최종 에너지로 소비됨을 알 수 있다. 전력을 생산하는 과정에서 물리적으로 도저히 피할 수 없는 에너지 손실이 일어난다는 사실이 중요한 이유로 작용한다. 독일의 에너지 흐름도(그림 4)는 이 풍경을 자세히 보여준다. 전력 생산 과정에서의 손실 외에 에너지 변환 과정에도 에너지가 또 필요하다. 예컨대, 정제 공장을 난방하거나 에너지를 운송하는 과정에서 에너지가 또 필요한 것이다. 2차 에너지원 일부는 화학 산업의 합성수지처럼 다양한 제품을 만드는 데 사용된다. 이른바 비非에너지 소비 분야에 사용되는 것이다. 그리고 최종 에너지는 다시 소비자에게 이르러 절반 정도만 조명, 난방, 자동차 추진 등등에 실용 에너지로 쓰인다. 결국 전체 1차 에너지의 3분의 1 정도가 현재 실용 에너지로 변환되고 있는 셈이다. 낮은 비율인 것 같아도 다른 나라들과 비교해 보면 독일의 사정이 더 나은 것이 사실이다. 물리학의 법칙과 현재의 기술 수준을 고려할 때 더 높은 효율은 불가능하다.

변환율을 높이는 방법에 어떤 것들이 있는지는 에너지 효율을 다루는 제14장에서 소개할 것이다. 그 외에도 기존에 누리던 안락함을 전혀 포기하지 않으면서 에너지 소비량을 줄일 수 있는 방법도 매우 많다. 단열이 더 잘되도록 건물을 유지하는 것도 그 방법 가운데 하

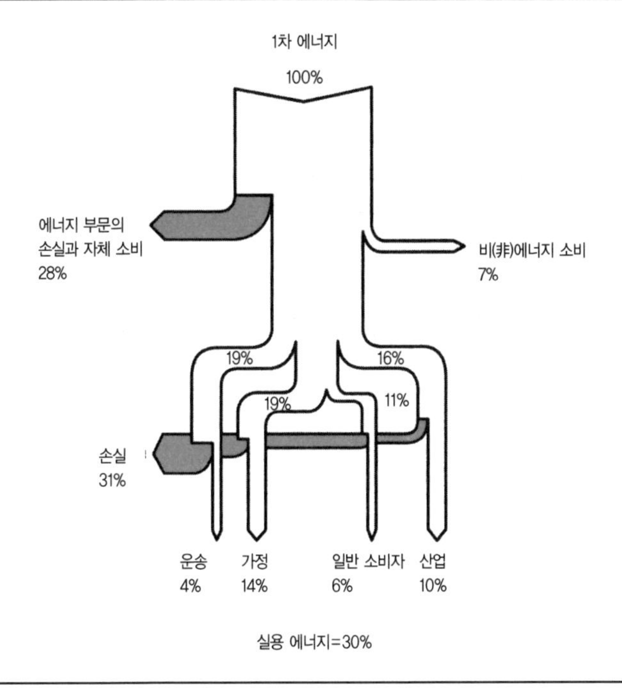

그림 4 독일의 에너지 흐름도: 1차 에너지가 실용 에너지로 분배되는 과정의 상세 그림(소비자 집단에 따라 구분)

나이다.

독일은 에너지 수급과 관련해 세계 에너지 시장에서 벌어지는 여러 사건들에서 자유롭지 않다. 독일이 유일하게 많이 갖고 있는 1차 에너지원 광상은 무연탄과 갈탄이다. 천연가스 광상은 더 이상 확대할 수 없는 실정이고, 수력 발전 역시 대부분 개발된 상태이다. 이

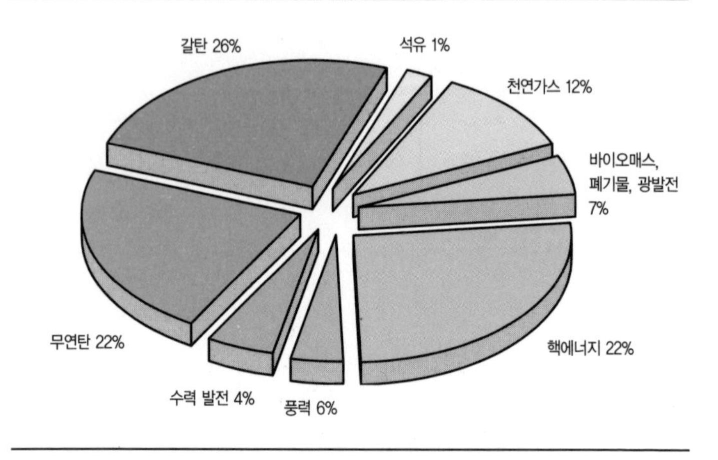

그림 5 사용하는 1차 에너지원을 기준으로 살펴본 2007년 독일의 발전 개황

때문에 독일은 에너지의 안정적 공급을 위해 수입에 의존하고 있다. 주로 수입하는 것은 우라늄과 천연가스, 석유이다. 또한, 독일 내에도 일정 수준의 광상이 존재하지만 비용 문제 때문에, 무연탄도 점점 더 많이 수입하고 있다.

독일의 전체 1차 에너지 소비량의 약 3분의 1이 전기 생산에 사용된다. 그림 5를 보면 사용되는 1차 에너지원의 종류를 확인할 수 있다. 2007년 독일의 총 발전량은 630테라와트시(TWh)였다. 1인당 연간 평균으로 7,700kWh의 전력이 생산되는 셈이다. 이 발전량의 절반을 석탄이 담당한다. 그리고 약 4분의 1을 원자력 발전이 책임지고 있다. 천연가스는 12퍼센트 정도를 차지하지만 점점 증가하는 추세이다. 현재 수력과 풍력 발전, 기타 재생 가능 에너지는 13퍼센트의 전력을 생산하고 있으며, 이 비율 역시 상승 추세에 있다.

발전량 수치는 총량이다. 생산된 전력량 전부라는 얘기이다. 이 가운데 아주 작은 부분을 발전소 자체에서도 사용한다. 기업들이 자가용으로 생산하는 전력량과 국민 대다수에게 공급할 목적으로 발전소가 생산하는 양이 전부 총 발전량에 포함된다.

전 세계의 에너지 사용

전 세계의 1차 에너지 소비량은 1950년 이후 크게 증가했다. 1970년대에 유가가 상승하면서 몇 년 동안 약간 감소하기도 했다. 그러나 1984년 이후 전 세계의 1차 에너지 소비량은 다시 한 번 지속적으로 크게 상승했다. 여기에는 아시아의 수요 증가가 크게 한몫했다. 2000년에서 2006년 사이에 1차 에너지 소비량이 무려 17퍼센트나 늘어났다. 계산해 보면, 이 기간 동안 세계 에너지 수요는 매해 독일의 연간 소비량의 절반 정도씩 증가했다는 결과가 나온다. 덧붙이자면, 전 세계 1차 에너지 소비량의 80퍼센트 이상이 화석에너지원들인 석유, 무연탄, 천연가스에서 생산된다. 그림 6을 보라.

보다 정확히 파악하려면 전 세계 전력 생산량을 독일의 것과 비교해 봐야 한다. 세계 전력 생산량은 19,000TWh로, 독일의 생산량의 약 30배이다. 석탄이 전 세계 전력 생산의 약 40퍼센트를 담당한다. 천연가스는 19퍼센트이고, 수력 발전이 16퍼센트이며, 원자력 발전

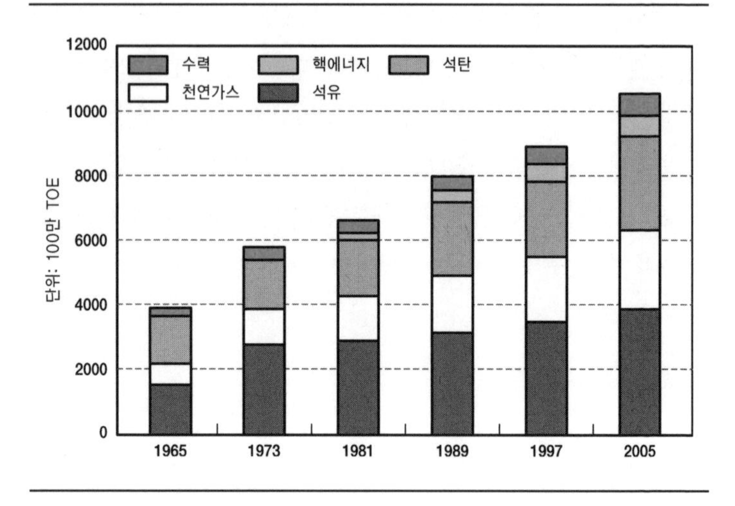

그림 6 전 세계의 1차 에너지 소비량 변화

이 차지하는 몫도 16퍼센트이다. 석유가 7퍼센트를 담당하고, 수력 이외의 재생 가능 에너지는 2퍼센트이다. 또 다른 비교치를 활용하면 전 세계 전력 생산량 통계를 유용하게 조망할 수 있다. 만약 세계 모든 사람이 독일 국민만큼 전력을 사용한다면 이를 충당하기 위해 전력 생산량을 거의 세 배는 늘려야 한다.

4 일상생활에서의 에너지 소비

우리는 평소에는 잊고 지내다가 가스와 전기 요금 고지서를 받고 나서야 자신이 에너지 소비자임을 깨닫는다. 여기서 한 발 더 나아가 우리 각자의 에너지 소비 행태를 다음의 세 가지 범주 가운데 하나로 구분해 볼 수도 있다.

— 천연가스나 연료유, 전기, 주유소에서 구매하는 휘발유나 디젤유 형태로 직접 에너지를 소비하는 행태
— 대중교통을 이용함으로써 에너지 소비를 활성화하는 행태. 예컨대, 기차나 버스나 비행기를 타고 휴가를 가면 표 값에 그 비용이 반영된다.
— 일상의 필요를 충족하기 위해 물건을 구매함으로써 그것들을 생산하는 데 사용된 에너지를 소비하는 행태. 예컨대, 음식, 의복, 가정용품 같은 것들이 생산되는 과정에서도 에너지가 사용된다.

첫 번째 범주의 경우, 각자가 자신이 얼마만큼의 에너지를 소비하고 있는지 모두가 아마 잘 알고 있을 것이다. 그러나 두 번째와 세 번째 범주의 경우에는 자신의 소비 수준에 대한 인식이 부족한 경우가 많다. 직접 분명하게 확인할 수 없기 때문이다. 다음의 예들을 살펴보자. 그러면 우리가 실제로 에너지를 얼마나 많이 소비하고 있는지가 밝히 드러날 것이다. 사람들이 저마다 서로 아주 다른 환경에서 살고 있다는 것은 분명한 사실이다. 그들의 행동과, 에너지를 다루는 방식 또한 아주 다를 것이다. 그래서 다음의 사례가 모든 이의 상황에 정확하게 들어맞는 것은 아님을 미리 지적해 둬야겠다.

사례: 독일의 4인 가구

독일의 4인 가구를 보자. 난방열 소비부터 생각해 보면, 공용 주택이든 단독 주택이든 거주 공간의 크기가 문제가 될 것이다. 주택의 열 처리 기술 수준, 가족 구성원들의 환기 방법도 난방 에너지 소비량에 영향을 미치는 요소이다. 예컨대, 이 주택이 1980년대에 지어진 구식의 단독 주택이라면 평균으로 투입되는 난방 에너지는 주거 공간 1제곱미터당 연간 연료유 약 15리터, 천연가스로는 15세제곱미터가 될 것이다. 4인 가구가 거주하는 집이 단열 수준이 동일한 아파트라면 난방열 소비량이 15퍼센트 정도 낮아진다. 외부에 직접 노출되는 주거 공간 면적이 더 작기 때문이다. 이 아파트가 예컨대, 1990년대 말에 건축돼 우수한 단열 기준을 채택하고 있다면 난방

에너지 필요량은 구식 주택이 소비하는 에너지량의 60퍼센트까지 떨어진다. 방을 따뜻하게 유지하려면 난방 에너지가 필요하다. 난방 장치의 열이 에너지 손실분을 벌충해 주는 한, 방은 항상 따뜻하게 유지된다. 방에서 에너지가 손실되는 이유는 벽과 창문을 통해 열이 소산되기 때문이다. 환기도 빼놓을 수 없는 원인이다. 창문을 완전히 개방해 짧은 시간 동안 신속하게 환기를 하는 방식보다 반복해서 창문을 조금만 열어놓는 방식이 에너지 손실이 훨씬 더 크다. 벽과 창문의 구조적 특성이 좋을수록 환기 효율도 더 우수해진다.

중간 정도의 단열 기준이 적용된 주거 공간 약 100제곱미터에서 보일러의 에너지 손실을 고려하면 난방을 하는 데 연료유 약 1,200리터나 천연가스 1,200세제곱미터가 필요하다. 이 아파트에 네 사람이 살고 있다고 가정하면 1인당 연간 300리터의 연료유가 소비되는 셈이다. 샤워와 목욕을 하는 데 필요한 온수를 만들기 위해 소비되는 에너지를 더해 보자. 사람들이 사용하는 물의 양에 따라 소비되는 에너지량도 달라질 것이다("표준량" : 1인당 하루 30리터). 조사를 해봤더니 4인 가구의 온수 가열 시스템이 추가로 300리터의 연료유를 사용한다는 걸 알 수 있었다. 이로써 독일의 4인 가구는 1인당 연간 연료유 375리터나 천연가스 375세제곱미터를 소비한다는 걸 알 수 있다. 다수의 공동 주택에서는 요금 청구의 편의 때문에 온수가 전기로 데워진다. 주민들이 1인당 약 650kWh의 전력을 사용한다는 얘기이다. 난방 에너지 소비량 역시 개별 가구의 실제 수치는 이 근사치와 많이 다를 수 있다.

이 외에도 가구가 필요로 하는 추가 전력량은 가전제품과 아파트의 크기에 좌우된다. 통계의 편의상 몇 개의 가구 유형이 대별되어 있다. 예컨대 독일에서는 4인 가구가 연간 약 4,000kWh를 소비한다. 1인당 평균 1,000kWh를 쓰는 셈이다.

서두에 언급한 세 범주의 에너지 소비 행태 가운데 첫 번째에는 주유소에서 구매하는 에너지도 들어간다. 2002년 독일에서 자동차 한 대가 소비한 평균 연료량은 주행 거리 100킬로미터당 8.1리터였다. 이는 시험 주행 소비량 데이터가 추가된 도로 주행 성능 조사 결과에 따른 것이다. 근년에 자동차의 연비가 별로 개선되지 않은 까닭은 디젤 차량이 크게 늘어났기 때문이다. 자가용의 연간 도로 주행 통계는 12,000킬로미터였고, 사업 목적으로 사용되는 차량은 21,000킬로미터였다. 모든 자동차를 대상으로 평균하면 2002년의 자동차 주행 거리는 13,400킬로미터였다. 이 책에서는 13,400킬로미터라는 수치를 사용하겠다. 결국 4인 가구가 1년에 1,080리터의 연료를 사용한 셈이 된다. 1인당 270리터 꼴이다. 여기서 독일 국민들이 두 명에 한 명꼴로 자동차를 보유하고 있다는 사실을 고려해야 한다. 4인 가구에는 차가 두 대 있는 셈이고, 이에 비례해서 도로 주행 거리도 두 배가 된다. 그러나 이것이 곧바로 사실이 될 수는 없다. 그 4인 가구가 대중교통도 이용할 것임을 고려해야 한다. 아래의 설명을 계속 따라가 보자.

앞에서 논의한 직접적인 에너지 소비 말고도 4인 가구가 대중교통을 사용함으로써 발생시키는 에너지 소비량을 추가해 보자. 전차나 기차를 타는 순간, 당신은 경제학적으로 얘기해 에너지 공급 연쇄 사슬의 이용료를 승차 요금으로 지불하게 된다. 승객 1인당 대중교통의 에너지 소비량은 시내 전차나 통근 기차가 저녁 시간에 텅 비어 운행되는지, 혹은 러시아워에 콩나물시루처럼 꽉꽉 차서 운행되는지에 크게 좌우된다. 우리가 조사해 본 바로는 통근 기차의 경우 한 사람이 100킬로미터당 평균 약 3.8리터의 에너지를 소비했고, 시내 전차의 경우 100킬로미터당 1.7리터를 사용했다(휘발유/디젤유 환산). 도시에서 운영되는 버스 노선의 경우 평균 소비량은 위 두 수치의 중간 정도였다. 시내 전차는 에너지 효율이 대단히 좋다. 그러나 전력 생산 과정 중에 물리적인 이유로 발전소에서 상당한 변환 손실이 발생한다는 점을 고려해야만 한다. 자동차에서 사용되는 것보다 2.5배 더 많은 에너지가 소비되는 것이다. 개인이 대중교통을 이용해 비교적 짧은 거리를 통근하고, 또 가끔씩 쇼핑을 하면 이 수단으로 연간 2,000킬로미터를 여행하게 된다. 이로써 4인 가구의 1인당 에너지 사용량 목록이 추가되었다. 대중교통을 이용하는 것으로 가정할 때 석유 환산치로 연간 55리터를 더 소비하는 셈이다. 휴가 여행도 빼놓을 수 없다. 멋진 휴양지로 날아갈 계획을 세워본다. 목적지는 집에서 3,000킬로미터 떨어져 있다. 왕복 여행을 해야 할 터이므로 6,000킬로미터를 이동해야 한다는 결론이다. 항공사들은 비행 거리 100킬로미터당 등유 3.5리터를 기준으로 1인당 에너지 소비량을 계산한다.

이제 4인 가구의 에너지 소비량을 중간 결산해 보자. 모든 에너지 사용량은 1차 에너지 사용량이고, 킬로와트시로 환산했다. 이 사용량을 1차 에너지로 다시 변환할 때 발전소에서 일어나는 손실(효율도: 40퍼센트)과 정제 공장에서 일어나는 손실(효율도: 95퍼센트)을 반드시 고려해야 한다. 4인 가구의 1인당 1년 치 중간 대차대조표는 다음과 같다.

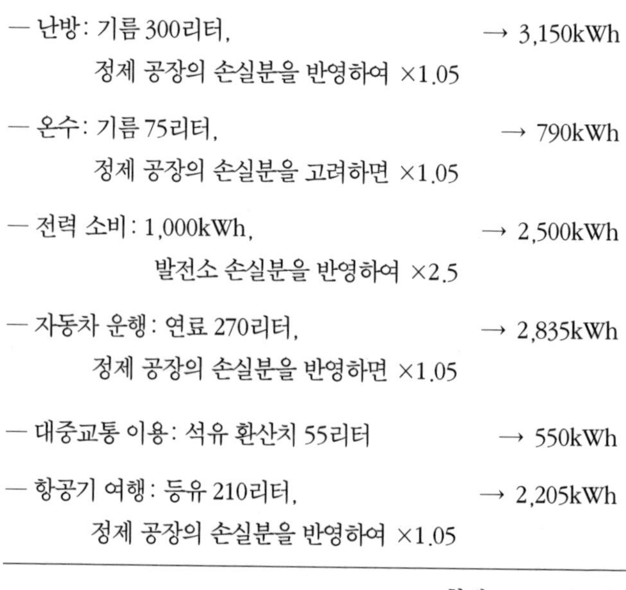

— 난방: 기름 300리터, → 3,150kWh
정제 공장의 손실분을 반영하여 ×1.05

— 온수: 기름 75리터, → 790kWh
정제 공장의 손실분을 고려하면 ×1.05

— 전력 소비: 1,000kWh, → 2,500kWh
발전소 손실분을 반영하여 ×2.5

— 자동차 운행: 연료 270리터, → 2,835kWh
정제 공장의 손실분을 반영하면 ×1.05

— 대중교통 이용: 석유 환산치 55리터 → 550kWh

— 항공기 여행: 등유 210리터, → 2,205kWh
정제 공장의 손실분을 반영하여 ×1.05

합계: 12,030kWh

소비된 에너지 총량은 무연탄 약 1.5톤 또는 원유 1,500리터에 들어 있는 에너지에 상당한다. 추측만으로는 우리가 우리의 평범한 삶과 대비되게 얼마나 흥청망청 에너지를 사용하며 살고 있는지를 잘 알 수 없다. 그렇다면 한 달에 한 번씩 여러 대륙들에 흩어져 있는 생산 현장을 방문해야만 하는 회사 경영자의 에너지 결산 보고서를 떠올려보라.

우리는 이 외에 세 번째 범주의 형태로 사용되는 에너지도 고려해야만 한다. 우리가 일상생활을 영위하면서 필요로 하는 것들, 그리고 가재도구나 가정용품으로 구매하는 것들을 생산하기 위해 쓰이는 에너지를 고려해야만 하는 것이다. 이런 세목들을 생산하는 활동과 결부해 소비되는 에너지량은 아주 자세하게 계산되어 있다. 그러나 재화의 금전적 가치를 활용해 간단하게 추정할 수도 있다. 경제 분야에서 나오는 공식 통계로 생산 가격과 판매 가격을 확인할 수 있고, 에너지 산업의 통계도 각종 에너지 소비를 경제 부문에 따라 기록한다. 에너지원을 1차 에너지로 소급해 거꾸로 다시 계산하면 해당 경제 부문에서 구체적 제품 100유로당 얼마만큼의 에너지가 소비되었는지를 자세하게 파악할 수 있는 것이다. 독일에서는 연방 통계청이 가구들의 지출 내역을 조사한다. 우리는 이 통계를 활용해 4인 가구의 순소득이 사용되는 내역을 아래처럼 거칠게나마 확인할 수 있다. 여기서 순소득이란 세금과 사회 보장비 납입금을 제외한 최종 소득이다. 예컨대, 2005년 전 국민의 한 달 평균 순소득은 2,770유로였다. 이 소득은 다음의 용도로 사용되었다.

— 임대료(난방비 제외)　19퍼센트

— 생활비 일반: 음식, 보건, 신문 구독, 유지 보수　29퍼센트
— 이자, 보험, 기타 금융 서비스　11퍼센트
— 의류, 가구, 자동차 따위의 구매　25퍼센트
— 오락, 휴가, 여행 따위　9퍼센트
— 전기, 연료유, 가스, 온수 등 에너지 비용　7퍼센트

우리는 시간을 두고 이 통계의 변화를 추적해 보았는데, 가구의 경비에서 에너지가 차지하는 몫이 증가 추세에 있음을 알 수 있었다.

가계의 지출 비용을 사업 부문으로 조정해 각 가정이 한 달간 추가로 사용한 1차 에너지 소비량을 추산해 보면 1,940kWh가 나온다. 이 수치를 4인 가구가 1년 동안 소비하는 1차 에너지량으로 환산하면 1인당 5,800kWh인 셈이다.

결론을 내릴 때가 되었다. 4인 가구의 1인당 연간 에너지 총 소비량은 17,830kWh로, 이는 무연탄 2.2톤이나 석유 1,800리터에 들어 있는 에너지에 상당한다. 대형 유조차 한 트럭을 생각해 보면, 그것이 바로 4인 가구 셋에 1년 동안 공급되는 에너지의 규모다. 그러나 과학적 엄밀성을 기하려고 한다면 우리의 에너지 대차 계정은 여기서 끝나지 않는다. 우리는 공공건물, 고속도로, 병원 등 국가가 마련한 기반 시설과 서비스도 이용하기 때문이다. 당연히 이것들을 짓고 운영하는 데에도 에너지가 필요하다. 이런 에너지 비용은 앞의 대차 계정에 계상되지 않았다.

인도와 비교해 보면

4인 가구의 이 에너지 결산 내용을 인도에 적용해 보면 어떻게 될까? 인도는 중부 유럽보다 다양한 인구 집단 사이의 생활수준 차이와 에너지 소비량 차이가 훨씬 더 크다. 인도에서는 여전히 수백만 명의 주민이 상업적으로 거래되는 에너지를 전혀 이용하지 못하고 있다. 따라서 인도의 4인 가구 에너지 결산 내용은 우리가 비교를 위해 어떤 가구를 선택하느냐에 크게 좌우될 것이다. 인도의 중간 규모 도시 가운데 하나에 사는 4인 가구를 한 번 상상해 보자. 아버지는 회사의 부서장이고, 대학 교육을 받았다. 그는 인도의 중산층이다. 다음의 에너지 소비 양상을 통해 그 가구의 생활 환경을 알 수 있다.

— 3개월간 지속되는 겨울에는 매월 약 170kWh의 전기가 필요하다. 이 가운데 25~30kWh는 조명에 사용되고, 60~70kWh는 송풍식 전기스토브에 의한 난방과 온수에 사용된다. 나머지는 기타 전기제품을 활용하면서 사용된다.

— 인도는 여름철에 냉방이 필요하기 때문에, 매달 최고 약 200kWh의 전기가 소비된다. 이 가운데 냉방에 쓰이는 양은 100~125kWh이다. 이때 우리는, 남편과 아내가 모두 직장을 가지고 있어 에어컨은 휴일을 제외하면 낮 동안에는 통상 사용되지 않는 걸로 가정하고 있다. 에너지를 의식하지 않고 소비하는 사용자들의 경우는 이 수치가 300kWh까지 치솟기도 한다.

— 다 쓰면 교체하는 가스통 가스로 가구의 요리를 한다. 매달 액화가스가 10킬로그램 정도 필요하다. 이 외에 전자레인지 사용도 느는 추세다.

— 소형차 한 대의 주행 거리는 한 해 9,000킬로미터에 이른다. 여기에 약 600리터의 연료가 들어간다.

독일의 가구에서처럼 우리는 이 값들도 1차 에너지 사용량으로 변환할 수 있다. 대중교통 비용을 추가하면 인도의 이 4인 가구는 한 해 약 3,900kWh의 에너지를 소비한다. 독일의 약 30퍼센트 수준인 셈이다.

그 차이를 좀 더 자세히 들여다보자. 인도는 전기 공급이 부족하다. 적어도 낮 동안의 특정 시간대에는 그렇다. 더욱이 소비자들의 구매력에 비해 전기의 가격이 비싸다. 인도의 4인 가구가 독일의 4인 가구와 달리 여러 개의 방을 전부 원하는 온도로 냉난방하지는 않는 이유이다. 그들은 전부 모이는 시간에 한 개의 방만을 냉난방한다. 또한 인도는 날씨만 도와주면 간단한 태양열 시스템으로 물을 데울 수도 있다. 예로 든 인도의 4인 가구가 독일의 가구에 비해 에너지상의 혜택을 누리는 지점이다. 단거리 대중교통 수단은 대개가 버스인데, 승객이 늘 바글바글하기 때문에 독일보다 효율이 대단히 높다. 이 항목의 경우 인도의 4인 가구가 짊어지는 1인당 에너지 소비량이 독일보다 적다. 반면에 차량의 경우는 대다수가 노후해졌고, 해서 연료 소비량이 독일보다 더 많다. 우리는 휴가 여행 따위는 전혀 포함시키지 않았다.

끝으로 두 가구의 전기 사용량을 비교해 보자. 인도의 가구들은 빨래 건조기와 식기 세척기를 거의 갖추고 있지 않으며, 조명 설비도 훨씬 더 보잘것없다. 거실의 표준 조명은 형광등이고, 가끔은 백열전구가 이를 대신하기도 한다. 놀라워 보일지도 모르지만 이런 조합은 인도의 믿을 수 없는 전력 공급 시스템 때문이다. 배전망과 발전소가 전력 수요를 항상 충족해 주지는 못한다. 이런 사태는 흔히 전압 강하로 이어진다. 그렇게 되면 물리적인 이유로 형광등은 꺼져버리지만 그래도 백열등은 희미하게나마 계속 빛을 발한다. 요즘은 전압이 낮아도 성능을 발휘하는 콤팩트 형광 전구CFL가 인기다. 우리는 지금 에너지 소비 수준에 따라 발생하는 생활 편의의 격차는 고려하지 않고 있다.

인도의 4인 가구는 독일의 4인 가구보다 소득이 적고, 해서 생활재화를 더 적게 구매한다. 이런 상품들을 생산하는 데 필요한 에너지가 독일보다 더 적어도 되는 이유이다.

일상생활에서 에너지가 어떻게, 왜 사용되는지를 알려주기 위해 독일과 인도의 다양한 모습을 비교해 보았다. 이런 비교를 통해 우리가 일상으로 필요로 하는 에너지를 어떻게 줄여나갈 수 있을지 그 단서를 찾아낼 수도 있을 것이다.

5 부국과 빈국

지리학적으로 볼 때 전 세계의 에너지 소비량은 불균등하게 분배되고 있다. 원인은 여러 가지이다. 인구 밀도가 다르다. 부국과 빈국의 격차도 존재한다. 에너지를 관리 운용하는 효율성■에서도 차이가 난다. 표 2에서 몇몇 나라와 전 세계의 인구 통계 및 1인당 1차 에너지 사용량을 확인할 수 있다. 한 눈에도 두 가지 불평등 양상을 바로 알아볼 수 있다. 첫째, 선진국들 사이의 격차. 그리고 둘째, 선진국과 발전도상국 사이의 격차.

선진국들 사이에 1인당 1차 에너지 소비량에 차이가 나는 것은 기후 조건, 인구 밀도, 국민들의 에너지 소비 의식, 산업 구조 때문이다. 예컨대, 미국과 독일을 비교해 보면 미국의 1인당 에너지 소비량이 대략 독일의 두 배이다. 여러 이유 중 한 가지인 기후를 보자. 미국의 건물들은 여름에 반드시 냉방을 해야만 한다. 독일의 가정 중에 냉방 설비를 갖춘 집은 거의 없다. 누군가가 이의를 제기할지도

지역	인구 (단위: 100만)	1인당 1차 에너지 소비량 (TOE로 환산)	1인당 전력 소비량 (kWh로 환산)
전 세계	6430	1.8	2,600
미국	297	7.9	13,600
독일	82	4.2	7,180
일본	128	4.2	8,200
폴란드	38	2.4	3,400
중국	1310	1.3	1,800
브라질	186	1.1	2,000
인도	1094	0.5	480
에티오피아	71	0.3	40

표 2 전 세계와 몇몇 국가들의 인구 및 1인당 1차 에너지 소비량 및 전력 소비량 통계(2005년)

모르겠다. 적어도 미국의 남부에서는 겨울철에 난방 에너지가 덜 필요하다고 말이다. 심지어 일부 지역에서는 전혀 필요하지 않을 것이다. 맞는 말이다. 그러나 습도가 높으면 냉방을 하는 데 난방을 할 때보다 두 배 많은 에너지가 들어간다는 사실을 고려해야 한다. 미국의 에너지 소비량이 더 많은 또 다른 이유는 땅이 넓다는 데 있다. 좌석이 모두 찬다 해도 장거리 비행은 100킬로미터를 운항하는 데 1인당 등유 약 4리터를 잡아먹는다. 운송 분야에서 면적이 넓은 나라의 에너지 소비량이 예컨대 중부 유럽의 여러 나라들보다 더 많은 이유이다. 중부 유럽의 여러 나라들은 면적이 작고, 상대적으로 인구도 조밀하다. 그러나 한 가지 사실을 보태야만 한다. 미국에서도 여행 거리가 수백 킬로미터 이하일 경우 기차로 이동하면 분명히 에너지를 절약할 수 있다. 그러나 미국의 철도 체계는 매우 열악하다. 게다가 미국은 유럽보다 에너지에 부과되는 세금이 적고, 그래서 에너지 가격도 훨씬 더 낮다. 에너지를 절약해야 할 필요성을 미국인들이 인식하지 못하는 이유이다.

선진국들 중 산업 구조가 달라서 에너지 소비량에 차이가 나는 재미있는 사례는 예컨대, 독일과 룩셈부르크이다. 통계를 보면 룩셈부르크인이 독일인보다 평균 두 배 더 많은 에너지를 소비한다. 룩셈부르크는 인구 밀도도 높고, 국토의 면적도 엄청나게 작다. 그런데도 그들은 미국인들만큼이나 에너지를 많이 사용한다. 어떻게 이런 일이 가능할까? 그 대답은 룩셈부르크의 산업 구조에서 찾을 수 있다. 룩셈부르크의 주력 산업인 제철업 때문에 에너지 소비량이 많은 것이다.

에티오피아는 전 세계에서 가장 가난한 나라 가운데 하나이다. 에티오피아의 인구는 6400만 명이고, 이는 영국 및 에이레(아일랜드)의 인구를 합한 규모이다. 그러나 에티오피아 주민들은 독일인 한 명이 사용하는 에너지의 12분의 1 정도밖에 쓰지 못한다. 전력 소비로 넘어가면 이 격차는 훨씬 더 심각해진다. 평균적으로 에티오피아인은 1년에 불과 36kWh의 전기만을 쓸 수 있을 뿐이다. 이는 재화를 생산하고, 통신을 하는 과정에 투입되는 전기와, 학교 및 병원 같은 공공시설을 이용하면서 소비하는 몫을 다 포함한 값이다. 독일 국민이 연간 소비하는 전력량은 연간 7,100kWh이다. 이 수치가 소비량임에 주목해야 한다. 앞에서 언급한 (70쪽) 1인당 7,700kWh는 생산량이다. 두 수치 사이에 차이가 나는 것은 발전소의 자체 소비와 배전망에서 발생하는 손실 때문이다.

중국 및 인도 같은 신흥 시장 국가들의 경우는 근년에 에너지 소비량이 크게 늘었다. 물론 인도의 경우 인구가 대규모로 증가하면서 1인당 소비량은 늘지 못했지만 말이다. 상황을 명확하게 보여주기 위해, 공식 에너지 단위인 줄이 아니라 "석유환산톤"(TOE)으로 통계를 제시하겠다. 1TOE는 석유 1톤을 태워서 얻을 수 있는 양과 동일한 1차 에너지량이다. 중국의 1990년 1인당 에너지 소비량은 연간 1.1TOE였다. 2005년에는 이 값이 1인당 1.2TOE로 증가했다. 인도는 1990년에 1인당 1차 에너지 소비량이 0.4TOE였다. 이 값은 2005년에 0.35TOE로 하락했는데, 이는 인구가 크게 늘었기 때문이다. 이 수치를 통해 두 나라에서 산업화가 급속히 진행되고 있고, 인구 또한 급격히 증가하고 있음을 알 수 있다. 그러나 두 나라 모두 여전히 전 세계 평균인 1인당 1.7TOE에는 한참 못 미친다. 이 두 나라와 선진국들 사이에 간극이 있음은 말할 나위도 없다.

모든 에너지가 다 똑같은 것은 아니다. 운용 측면, 생산하고 저장하고 사용하는 데 필요한 기술 체계의 복잡성, 에너지원 각각의 이용 가능성에서 다 다르다는 말이다. 그러니 1인당 에너지 소비량 데이터 이면에는 상이한 에너지원이 뒤섞여 있는 것이다. 소비량 통계 순위에서 중위권을 차지하는 독일과 일본 같은 선진국들은 석탄, 석유에서 천연가스와 핵에너지는 물론 그 몫이 점점 커지는 재생 가능 에너지에 이르기까지 다양한 에너지원을 이용하고 있다. 반면 발전도상국들의 데이터에서는 일부 에너지원이 완전히 빠져 있다. 발전도상국들은 자본 집약적이고, 첨단의 기술이 요구되며, 투자를 많이 해야 하는 에너지원을 사용하지 못한다. 이들 나라에서는 농촌 지역의 기본적인 에너지 수요를 대부분 나무가 충족해 준다. 심지어 석유를 운송 수단뿐만 아니라 발전에까지 쓰고 있다. 천연가스, 핵에너지, 그리고 사용하기가 기술적으로 좀 더 어려운 예컨대, 풍력 같은 재생 가능 에너지는 거의 목록에 들어 있지도 않다. 하지만 인도, 브라질, 중국 같은 신흥 시장 국가들은 선진국들의 경로를 밟아나가고 있다. 그들은 자국의 기술적 · 경제적 역량이 허락하는 범위에서 모든 에너지원을 사용한다. 예컨대, 이들 세 나라는 전부 원자력 발전을 하고, 천연가스 공급 체계도 갖추고 있다. 미국과 캐나다처럼 국토의 면적이 넓고 에너지 수요량이 많은 나라들은 운송 부문의 에너지 수요가 매우 많다는 특징을 보인다. 그들이 온갖 에너지원을 사용함에도 석유가 평균보다 더 많은 비율을 차지하는 것은 이동 수단이 석유에 의존하고 있기 때문이다. 이동성은 인간의 기본적인 요구이기 때문에 국가가 보장해야 할 중요한 문제이다. 어느 정도는 심리적인 문제도 개입되어 있는 바, 전기로 운행되는 대중교통 체계를 갖추고 있는 도시 지역이나 인구 밀도가 높은 나라들에서보다 훨씬 더 중요한 쟁점인 것이다. 미국인들은 운송 부문에 충분한 양의 석유를 공급하는 사안을 중요한 경제 문제로뿐만 아니라 개인의 자유 보장 문제로도 본다.

6 에너지 소비가 인구 증가를 뒤따를 수 있을까

지구에 사는 사람들의 수가 계속 늘어나고 있다. 1950년에는 이 행성에 약 25억 명이 살았다. 그러던 것이 1990년쯤에는 55억 명에 이르렀고, 2002년에는 62억 명, 2006년에는 대략 66억 명이 살고 있다. 유엔의 추정에 따르면 2025년의 지구 인구는 약 85억 명에 이를 것이라고 한다. 오늘날(2006년)보다 20억 명이 더 많은 셈이다. 그러나, 선진국들의 출생률은 상대적으로 낮고, 발전도상국들의 출생률은 높다.

세계은행 보고서

세계은행World Bank은 2004년에 발표한 보고서『경제 성장을 넘어서』*Beyond Economic Growth*에서 1999년의 기준을 적용해 1인당 국민소득으로 국가들을 분류하고, 이들을 다시 세 집단으로 묶었다.

1. 저소득 국가 : 1인당 국민소득이 760달러 이하인 나라들
2. 중위 소득 국가 : 1인당 국민소득이 760~9,400달러인 나라들
3. 고소득 국가 : 1인당 국민소득이 9,400달러 이상인 나라들.

비교의 편의를 위해 그해 독일의 1인당 국민소득을 알려드리자면, 약 30,000달러였다. 1999년 통계에 잡힌 약 60억 명의 전 세계 인구 가운데서 약 40퍼센트가 첫 번째, 곧 저소득 국가군에 포함되었다. 중위 국가군에는 전 세계 인구의 45퍼센트가 포함되었고, 고소득 국가군은 15퍼센트였다.

한 가지 흥미로운 사실은, 저소득 국가군 주민들의 평균 수명이 63세로, 고소득 국가군 주민들의 평균 수명 78세보다 약 20퍼센트 더 짧다는 것이다. 통계적으로 볼 때 평균 수명이 한 나라의 국민소득, 곧 국민총생산GNP ■ 에 좌우된다는 것은 분명한 사실이다. 그렇기 때문에 세계의 인구 증가 추이를 분석하는 작업은 높은 출생률 말고도 발전도상국들에서 생활수준이 향상돼 평균 수명이 늘어나는 것까지 변수로 고려해야만 한다. 만약 우리가 중국 및 인도 같은 신흥 시장 국가들을 포함해 발전도상국들에서 생활수준을 대폭 향상시키는 데 성공한다면 그렇지 않았을 때보다 2025년에 1억 명 더 많은 인구가 지구상에 살고 있을 것이다.

출생률은 기본적으로 생활수준과, 그 생활수준을 바탕으로 구축된 사회 보장 체계에 의해 결정된다. 따라서 선진국의 출생률이 발전도상국의 출생률보다 낮다. 대다수 발전도상국들의 경우 향후

20~25년 이내에 출생률이 크게 하락할 만큼의 생활수준으로 발전할 수 없다는 점을 현실적으로 참조해야 한다. 이런 가정에 따르면 발전도상국들의 경우 2025년경에 약 19억 명의 인구가 늘어날 것으로 예상된다. 2002년 대비 47퍼센트 증가한 수치이다. 그때쯤이면 발전도상국 인구가 세계 전체 인구의 75퍼센트를 차지할 것이다.

평균 수명 증가보다는 출생률이 인구 증가에 훨씬 더 큰 영향을 미친다는 것이 결론이다. 결국 발전도상국의 인구든, 세계 전체 인구든 가장 중요한 결정 요소는 발전도상국들의 높은 출생률인 셈이다.

에이즈AIDS 같은 전염병으로 인구가 감소하는 현실을 고려한 통계는 아직까지 없다. 그러나 오늘날의 조건이라면 전 세계 모든 지역에서 이를 다 배제해서도 안 된다.

에너지 소비량 증가

앞서 전 세계의 인구를 나눈 세 개의 집단을 에너지 소비 영역에 대입해, 산업화 경로 상에서 각자가 차지하고 있는 지위로 조정해 보면 2002년 현재 표 3의 수치를 얻을 수 있다.

표 3을 보면 전 세계 인구의 약 20퍼센트가 선진국에 살고 있고, 그들이 전 세계 에너지의 50퍼센트를 쓰고 있음을 알 수 있다. 따라서 우리는 미래의 에너지 소비 양상이 어떠해야 하는지, 그러한 소비와 이용 가능한 부존자원■ 사이의 관계는 어떠해야 하는지에 관한 물음에 답변해야만 한다. 간단한 시나리오를 떠올려보면 사태를

	인구(단위: 100만)	소비량		1인당 소비량	
		EJ	100만 TOE	GJ	TOE
선진국	1200	226	5390	188	4.5
신흥 시장 국가	700	57	1330	79	1.9
발전도상국	4300	152	3640	35	0.8
전 세계	6200	435	10360	70	1.7

표 3 국가군에 따른 2002년 전 세계 1차 에너지 소비량 내역(두 개의 에너지 단위로 표시)

파악하기가 더 쉬울 것이다. 세 가지 물음을 던져보자.

1. 2002년 62억 명이던 세계의 인구가 2025년 85억 명으로 늘어나면 에너지 소비의 풍경이 어떤 모습을 그리게 될까? 오늘날의 전 세계 1인당 평균 에너지 소비량에 변화는 없을까?

2. 전 세계의 부존 에너지가 2025년에는 얼마나 남아 있을까? 이 부존자원이 얼마나 오래 존재하리라고 기대할 수 있을까? 전 세계의 화석에너지 부존자원이 2025년경에 두 배로 늘어 73,000EJ(1조 7,400억 TOE)에 이를 것이라는 낙관적인 가정을 해보자. 그러면 그 사이에 인구가 늘어도 전부가 오늘날의 주민들과 같은 양의 에너지를 사용할 수 있을 것이다.

3. 다른 한편, 전 세계의 1인당 에너지 소비량이 2025년경에 선진국 수준으로 증가한다면 이 에너지 부존자원이 얼마나 오랫동안 버텨줄까?

이제 답을 해보자.

1. 전 세계의 연간 에너지 소비량은 2002년 한 해 동안 440EJ(즉 105억 TOE)에서 580EJ(즉 140억 TOE)로 증가했다. 2002년에서 2025년까지 인구가 선형으로 증가할 것이라고 가정해 보자. 이 기간 동안 소비되는 1차 에너지의 총량은 11,700EJ, 곧 2800억 TOE가 될 것이다.

2. 2025년에 이용 가능한 부존자원은 61,000EJ, 곧 1조 4700억 TOE일 테고, 이 양은 향후 104년 동안 지속될 것으로 기대할 수 있다.

3. 이 경우에 부존자원은 추가로 25년밖에 더 버티지 못할 것이다.

이 질문과 답 들을 유효성 측면에서 살펴보도록 하자. 물론 질문들이 전 세계의 에너지 수요가 석탄보다는 석유와 천연가스에 집중되어 있다는 사실을 고려하지 않았기 때문에 이론적이기는 하다. 그러나 바로 그 사실 때문에 이 수치들은 훨씬 더 불길하게 다가온다. 석유 및 천연가스 부존자원이 전체 에너지 부존자원보다 훨씬 더 단명할 것이기 때문이다. 더구나 석탄이 전체 부존자원 가운데 가장 많은 몫을 차지하고 있다.

세 번째 시나리오에서는 전 세계 인구의 생활수준이 23년 이내에 선진국 수준으로 향상될 것이라는 생각과 그리하여 전 세계 인구가 선진국의 1인당 평균 에너지 소비량을 달성할 것이라는 가정이 비현실적이다.

그런 고로, 이 질문과 대답 들로는 에너지 수요량의 상한선만을 알 수 있을 뿐이다. 하지만 아무튼 추세는 명확하다. 전 세계의 에너지 수요량은 크게 증가할 가능성이 아주 많다. 또한 운송 부문에서 차지하는 중요성, 탁월한 저장 및 적송 특성 때문에 에너지 수요가 탄화수소 석유에 압도적으로 집중되어 있고, 해서 부존자원의 지속 기한에 관한 앞의 가정들은 꽤나 낙관적으로 보인다. 물론 에너지 가격이 올라가면 탄화수소 자원이 더 많이 생산될 것이라고 주장하는 사람이 있을지도 모르겠다. 이 문제는 발전도상국들이 소득이 적은데도 세계 시장에서 주로는 석유의 형태인 탄화수소 자원을 획득해 1인당 소비량의 세계 평균에 도달할 수 있느냐 하는 문제로 연결된다. 그렇다면 전 세계의 에너지 소비량 증가는 점점 완만해질 것이다.

재분배

지금까지 우리가 고려한 것들에는 선진국들에게 에너지를 보다 효율적으로 다루게 해 전 세계의 에너지 소비량을 줄이는 방법에 관한 아이디어들이 전혀 포함되지 않았다. 에너지를 절약하거나 적어도 개선된 장치와 설비를 활용해 1인당 에너지 소비량을 줄이는 방법 말이다. 여기에 무엇들이 간여하고 있는지 먼저 감을 잡을 필요가 있겠다. 다음 질문에 답해 보도록 하자.

한 나라, 예컨대 이 경우에 독일이 대단히 모범적인 방식으로 행동해, 자국의 1차 에너지 소비량을 절반으로 줄이는 데 성공했다고 해보자. 거기에는 오늘날의 기술 수준이 적용되었다. 독일 국민 전원이 평소의 절반만큼만 에너지를 사용했다는 얘기이다. 그렇게 절약한 에너지는 발전도상국들에게 나눠줄 수 있을 것이다. 발전도상국들에는 어떤 변화가 일어날까?

이제 대답을 해보자. 독일은 연간 7,500PJ, 곧 1억 7500만 TOE를 절약할 수 있을 것이다. 이 에너지를 발전도상국 주민들에게 나누어주면 그들의 1인당 에너지 소비량은 약 5퍼센트 증가한다. 한 나라만으로는 이 문제를 결코 해결할 수 없다는 게 분명하다.

선진국들이 단기간에 에너지 소비량을 절반으로 줄이면서도 동일한 복지 수준을 유지하는 게 불가능하다는 사실도 우리는 고려해야만 한다. 그러려면 아마도 수십 년이 필요할 것이다. 에너지 절약 기술이 발전하고, 소비자 행동까지 바뀌어야만 그런 수준의 에너지 효율성을 달성할 수 있기 때문이다. 따라서 현실적으로는 20퍼센트 이상 절약하기는 힘들 것이라 상정해야 한다. 이조차도 달성하려면 수많은 조치가 요구된다. 모든 선진국이 현행 1차 에너지 소비량의 20퍼센트를 절약하고, 이 절약분을 발전도상국들의 이익을 위해 사용한다면 그들의 1인당 에너지 소비량이 30퍼센트 증가한다. 현재 수준과 비교하면 이는 대단한 개선이고, 실제로도 그렇다. 그러나 이를 절대량으로 환산해 보면 발전도상국의 1인당 에너지 사용량은 여전히 연간 1TOE를 약간 상회하는 수준에 지나지 않는다. 선진국들의 에너지 소비량은 그때도 여전히 1인당 3.6TOE로, 무려 3.5배 더 많다. 이렇게 무조건 절약하는 방식으로는 2025년까지 세계 인구가 꾸준히 증가하면서 발생하는 소비량 증가분을 충당하지도 못한다. 선진국들에서 에너지 소비량을 20퍼센트씩 줄여도 전 세계의 에너지 소비량은 여전히 상승할 것이라는 얘기이다.

우리는 앞의 모형을 통해 몇 가지 결론을 조심스럽게 이끌어낼 수 있다. 향후 20년 이내에 세계의 인구는 에너지 소비량보다 더 빠르게 증가할 것이다. 1인당 소득이 적고, 에너지 소비량도 적은 발전도상국들에서 인구가 증가하고 있기 때문이다. 그러나 이렇게 늘어나는 주민들도 당연히 에너지를 필요로 하기 때문에 결국에는 추가로 부존자원이 개발되어야만 한다. 그 결과는 에너지 가격의 상승이 될 것이다. 이런 제약 조건으로 에너지 소비량 증가 추세가 꺾이고 말 것이다. 1인당 국민소득이 적고, 인구가 빠르게 증가하는 나라들은 세계 시장에서 에너지를 구매하는 데 필요한 외화가 없기 때문이다. 전 세계가 소비하는 에너지의 절대량은 계속 증가할 것이다. 그러나 이 증가는 인구 증가를 따라잡지 못할 것이다. 이 문제를 완화하는 한 가지 해결책은 선진국들이 에너지 효율성을 높이고, 에너지 절약에 힘쓰는 것이다. 향후 20년 안에 1인당 소비량 20퍼센트 절약 목표를 달성한다면 전 세계의 에너지 소비량 증가가 보다 완만하게 이루어질 테고, 나아가 더 싼 가격으로 에너지 자원을 더 오랫동안 이용할 수 있게 될 것이다. 선진국과 발전도상국 간의 격차도 더 만족스러운 방식으로 해결할 수 있을 것이다.

제3부

에너지: 상품

7 에너지는 상품이다

자연계에 존재하는 에너지원은 거래의 대상이 되었다. 우리가 매일 사용하는 다른 수천 가지 재화처럼 말이다. 상인들의 목표는 고객의 수요를 충족해 주고, 그 과정에서 최대한 많은 이윤을 얻는 것이다. 경제 발전과 전반적 복지에서 에너지가 차지하는 중요성이 아주 크기 때문에, 몇몇 국가에서는 특수한 조건과 형편에 따라 에너지가 거래된다. 에너지 자원이 거래되지 않는 경우는 몇 안 된다. 발전도상국들의 많은 농촌 지역에서는 기본적으로 필요한 에너지를 충당하기 위해 땔감을 사용한다. 가족 구성원들이 땔감을 모으고, 이것은 시장에 내다팔지 않는다. 그러나 가끔은 땔감을 구해 팔거나 다른 물건과 교환하는 사람들도 있다. 이렇게 해서 땔감이 시장에 나오기도 한다. 재생 가능 에너지는 흔히 거래되지 않는다. 예컨대, 지붕 위에 태양열 집열 시스템을 설치한 집주인이 거기서 온수를 얻는 경우가 그렇다. 지금부터는 에너지원이 거래되는 일련의 과정과,

소비자들이 최종적으로 지불하는 에너지 가격이 어떤 기준에 따라 결정되는지 살펴보도록 하자. 그러려면 먼저 다양한 에너지원들의 차이부터 파악해야 한다.

갈탄

갈탄은 시장 가치가 거의 없다. 불리한 조건이 두 가지 있어서다. 발열량이 적고, 수분 함유량이 많다는 게 그 두 가지이다. 다른 에너지원과 비교해 보면 단위당 실질 에너지 함유량 적하 비용이 비싸다는 얘기가 된다. 그러니 거래가 뜸하고, 갈탄 시장이 전혀 존재하지 않는다. 대개의 경우 광산은 에너지 기업이 소유한다. 갈탄도 마찬가지로 기업 소유의 발전소에서 채굴 즉시 연소된다. 갈탄 가격은 경쟁이 이루어지는 시장에서 결정되지 않고, 개별 기업의 원가 계산에 의해 산정된다.

그러나 조개탄과 코크스로 만들어져 열에너지 시장으로 들어가는 소량의 갈탄은 당연히 경쟁을 하게 된다. 독일에서는 그 양이 채굴되는 갈탄의 7퍼센트에 불과하다. 소비자는 다양한 판매업자한테서 석탄을 구매할 수 있고, 그 가격을 다른 에너지원(예컨대, 석유나 천연가스)의 가격과 비교해 볼 수도 있다. 갈탄 가격의 책정은 국가 통제를 전혀 받지 않는다. 이 에너지원은 독점■ 기업이 판매하지 않기 때문이다.

무연탄

무연탄은 갈탄과 다르다. 무연탄은 전 대륙에 걸쳐 매장되어 있다. 무연탄을 주로 수출하는 나라는 호주, 인도네시아, 중국이며, 중요성이 점차 감소하고 있지만 남아프리카공화국과 러시아도 있다. 반면에 점점 중요해지는 나라로 콜롬비아와 베네수엘라를 꼽을 수 있다. 무연탄 수출국들에는 많은 기업이 있고, 이들은 대개 서로 경쟁한다.

무연탄의 가격을 결정하는 중요한 요소는 회분 함량, 발열량, 휘발분의 양이다. 이 중 휘발분의 양은 무연탄의 연소 특성을 결정한다. 오염을 줄이는 과제로 인해 황 성분까지 중요하게 고려하는 지역도 있다. 전 세계적으로 여러 종류의 시장이 존재한다. 발전용 석탄 시장은 발전소 운영에 알맞은 품질의 석탄을 거래하는 과정에서 주로 형성된다. 또 다른 중요한 시장으로 코크스용 석탄 시장이 있다. 코크스용 석탄은 철강을 생산하는 데 필요하다. 가격을 결정하는 기준은 상황과 조건에 따라 달라진다. 수요의 관점에서는 다음의 측면이 중요하다. 무연탄은 전기 시장에서 대리 경쟁을 한다. 마찬가지로 전기를 생산할 수 있는 다른 에너지원과 경쟁을 한다는 얘기이다. 거기에는 갈탄, 천연가스, 중질 연료유가 포함된다. 일부 국가에서는 원자력도 경쟁자이다.

열에너지 시장의 고객들은 산업계의 대규모 열 생산자들이나 산업용 열병합 발전 시스템cogeneration of heat and power system; CHP system■ 들이다. 생산 과정에 필요한 전기와 공정열을 둘 다 제공해 주는 시스템을 산업용 열병합 발전 시스템이라고 한다. 선진국들의 가정 난방 시장에서는 이제 무연탄을 거의 볼 수 없다. 편리함을 추구하는 과정에서 퇴출된 것이다. 매일 지하실에서 석탄을 꺼내 와 난로에 집어넣고, 또 그 재를 치우는 고역을 반길 사람은 아무도 없다. 그러나 중국 같은 발전도상국들에서는 무연탄이 가정에서 요리 등의 일을 할 때 에너지원으로서 중요한 지위를 차지한다. 이로 인해 중국과 기타 국가들에서 대규모 공기 오염이 발생하고 있다. 석탄이 연소될 때 이산화황, 일산화탄소■ 와 그 밖의 유해 기체들이 나오기 때문이다. 이 때문에 산성비와 겨울철 스모그가 발생한다. 주요 도시들이 선진국들이 1960년대 이래 밟아온 것과 동일한 정책 방향을 따라 천연가스 같은 다른 에너지원으로 석탄을 대체하려고 애쓰는 이유이다. 천연가스는 공기 오염의 관점에서 볼 때 관리 통제하기가 더 쉬운 에너지원이다. 그러나 산업 분야에서는 석탄이 시장에서 여전히 상당한 지위를 차지하고 있다. 두 가지 이유 때문인데, 비용이 그 하나요, 공장들의 경우 탈황 설비를 갖출 수 있다는 것이 다른 하나이다. 그러나 여기서도 석탄은 다른 에너지원, 특히 석유 및 천연가스와 경쟁해야만 한다.

코크스용 석탄은 특수한 지위를 갖는다. 코크스는 철강을 생산하는 기술 공정에서 아주 중요한 요소다. 다른 어떤 에너지원도 코크스용 석탄을 대체할 수 없다. 이것이 에너지뿐만 아니라, 제철 공정에서 화학적으로 필요한 탄소 원자도 공급하기 때문이다. 코크스용 석탄의 가격도 철강 산업의 호조 및 퇴조에 따라 변동하는 수요에 반응해 등락한다. 근년에 아시아 경제가 크게 성장하면서 철강 수요가 늘어났다. 코크스용 석탄 시장에 주기적으로 병목 현상이 발생하며 가격이 두 배로 치솟은 이유다. 그러나 코크스용 석탄 수요가 장기간에 걸쳐 전혀 없을 것으로 예측하고, 코크스 제조 공장을 폐쇄하는 결정을 내린 시기가 있었음을 먼저 지적해야 할 것이다.

전 세계의 석탄 거래는 생산자와 소비자 사이에서 주로 이루어진다. 다양한 계약 및 거래 유형 중에서도 현장 매매spot sale가 점점 더 중요해지고 있다. 현장 매매는 즉석에서 거래 대상의 가격과 양을 정하는 계약 방식이다. 과거에는, 무려 10년 동안 유효한 매매 계약이 드물지 않았다. 오늘날에는 거래량에 관한 계약만 그런 시간 단위로 이루어진다. 여러 시장의 무연탄 수요에 따라 가격은 등락한다. 예컨대, 발전소용 석탄 1톤의 수입가는 독일의 자유무역항을 기준으로 2003년에서 2008년까지의 기간 동안 40유로에서 110유로 사이를 오르내렸다. 중부 유럽에서 채굴되는 무연탄과 비교해 봐도 재미있다. 중부 유럽에서 채굴되는 무연탄은 가격이 거의 두 배에 이른다.

석유

석유는 가장 흥미로운 에너지 상품이다. 국제 원유 시장과 국제 정유 제품 시장이 다 존재한다. 이 시장은 공급 부문이 부분적으로

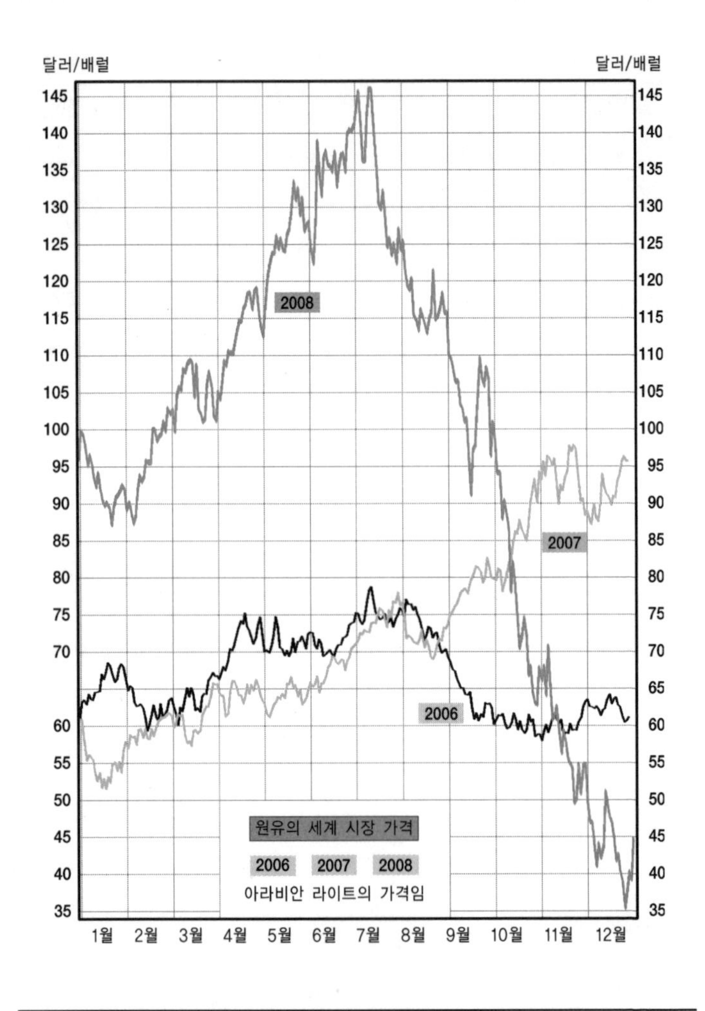

그림 7 시장의 석유 가격 추이, 2006~2008년(출처: http://www.pricewatch.com)

독점된 시장이라고 설명할 수 있다. OPEC 카르텔과, 러시아 같은 기타 소수의 공급국만 석유를 생산하기 때문이다. 몇 가지 요소가 석유 가격을 결정한다. 첫째는 수요와 공급에 의해 결정되는 원유 자체의 가격이다. 석유 수요가 근년에 지속적으로 늘어난 반면, 새로운 유정이 비슷한 속도로 개발되지 않았기 때문에, 원유 가격이 상승하고 있다. 그림 7은 지난 2년 동안의 원유 가격 추이이다.

원유 가격이 상당히 오르는 과정에서 크게 등락을 거듭했다는 사실에도 우리는 주목해야 한다. 원유 가격은 채수 비용보다 훨씬 더 높다. 오늘날 생산되는 원유의 배럴당 채굴 비용은 6~20달러 정도이다. 그런데도 세계 시장의 원유 가격은 이 책을 쓰고 있는 시점에서 배럴당 130달러를 넘어섰다. 이 책의 독일어 판을 쓰고 있을 때 가격의 거의 두 배인 셈이다.

원유 가격에 영향을 미치는 두 번째 중요한 요소는 가격표만 봐도 알 수 있다. 원유는 전 세계 무대에서 통상 미국 달러화로 거래된다. 개별 국가의 통화와 미 달러화 사이의 환율이 원유의 현지 시세를 결정하는 이유다. 유럽연합은 유로화 출범 이후 이로부터 상당한 이득을 보고 있다. 유로화가 달러화 대비 90센트에서 1.5달러 이상으로 상승했기 때문이다. 자국 통화가 달러 대비 하락하는 국가들의 경우는 상황이 완전히 달라진다. 이들 국가는 훨씬 더 비싸게 석유를 수입해야 한다. 발전도상국들이 특히 심각한 타격을 입었다.

1970년대까지는 정유 공장과 석유 기업과 산유국 들이 비교적 장기의 계약을 맺고, 대부분의 선적 원유에 가격을 매겼다. 이런 풍토는 1973년과 1978년 정치에서 기인한 두 차례의 유가 상승과 더불어 바뀌었다. 이전에는 비교적 소량의 석유가 주로 로테르담 현물시장■ 같은 상품거래소에서 거래되었다. 그런데 이제는 상황이 완전히 역전되었다. 금융 펀드들이 석유 거래를 투기 대상으로 삼고 있는 것 역시 작금의 현실이다. 특히 엄청난 손실 위험을 무릅쓰고 단기 이익을 좇는 헤지 펀드hedge fund들이 석유 거래에 가담하고 있다. 가격 결정에 그들이 정확히 어떤 영향을 미치는지를 가늠하기란 쉽지 않다. 그러나 2006년 원유 가격의 5~10퍼센트에 해당하는 배럴당 3~5달러의 추가 인상이 가끔씩 발생한 것은 확실히 그들의 소행이다. 상품 시장 거래의 장점은 분명하다. 가격이 급격하게 등락할 때에는 시장 참여자들이 장기 계약 맺기를 주저한다는 것이다. 대량의 석유를 세계를 누비며 운반할 수 있는 것은 유조선뿐이다. 때문에 가장 많은 이윤을 얻을 수 있는 곳으로 정확하게 석유를 운송할 수 있다.

석유수출국기구의 역할

이런 조건에서는 누군가 인위적으로 석유 부족 사태를 야기해 가격을 상승시키는 일이 일어날 수도 있다. 예컨대, 유조선들이 한동안 기항지 주변을 맴돌기만 하다가 기한을 상당히 넘긴 후에야 들어올 수 있는 것이다. 이런 일이 전혀 없다고 장담할 수 없지만, 이게 통상적인 사업 방식은 아니다. 반복해서 석유를 제때 충분히 공급받지 못하는 소비자들은 대체 에너지원을 알아볼 테고, 예컨대 천연가스나 석탄으로 실제 전환할 수도 있다. 에너지 절약 방안도 활용할 수 있고 말이다. "탈석유" 움직임은 1980년대 초에 이미 한 차례 있었다. OPEC은 1973년에 15억 톤의 석유를 수출했다. 당시의 화폐 가치로 환산해 보면 그들이 이로부터 취한 수익은 배럴당 약 3달러였다. (그러나 우리는 그 당시 다른 통화에 비해 달러가 상당히 강력했다는 것, 또 오늘날까지 계속되고 있는 장기간에 걸친 화폐의 구매력 저하가 상당한 효과를 발휘했다는 사실을 고려해야만 한다. OPEC은 2006년에 기록된 배럴당 61달러의 원유 가격이 1973년을 기준으로 환산하면 배럴당 12달러 내외에 불과하다는 자체 통계를 제시한다. 이를 바탕으로 대강 계산해 보면 배럴당 130달러의 원유 가격은 1973년 이래 10배 남짓 오른 것일 뿐이다.) 그로부터 시간이 조금 더 흘러 1980년대 초가 되자 석유 가격은 배럴당 33달러 이상으로 치솟았다.(그림 8을 보라.)

처음 석유 소비국들, 특히 선진국들은 수요를 줄이는 방식으로 이에 대응할 수 없었다. 그들에게는 활용 가능한 다른 대체 기술이 전혀 없었다. 다른 에너지원으로 전환하는 과정 역시 오랜 시간이 걸릴 터였다. 하지만 그들은 아무튼 뭔가를 하긴 해야 한다는 걸 깨달았다. 그들은 에너지 효율성 증대를 목표로 경제협력발전기구OECD■ 통할 아래 공동 정책을 수립했고, 건물의 단열, 엔진의 효율성, 보일러의 열효율 개선 등을 추진했다. 다른 한편으로, 예컨대 독일은 발전 분야에서 석유를 무연탄으로 대체했고, 많은 국가가 원자력 발전을 확대했다. 다수의 선진국은 열에너지 시장에서 석유 외에도 편리

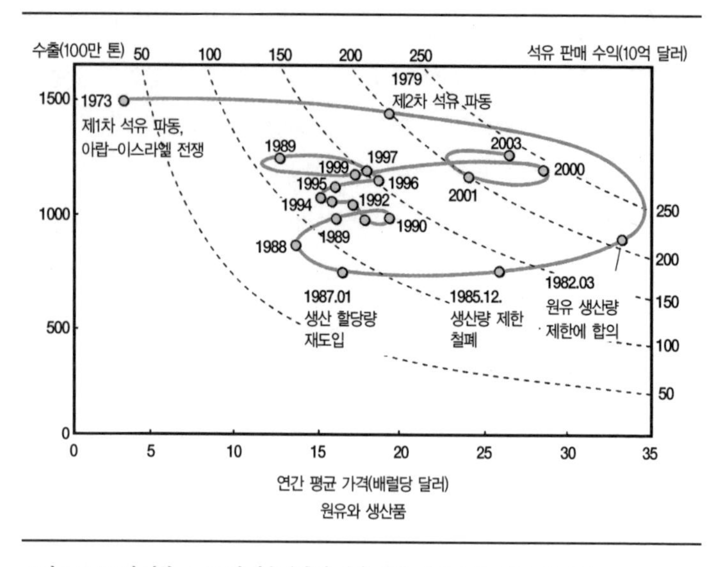

그림 8 OPEC의 변화: OPEC의 석유 수출량, 수출 가격, 판매 수익, 1973~2003년
2005년 가격은 다이어그램 바깥에 존재한다. OPEC은 2001년 수출 규모에서 배럴당 평균 55달러에 4300억 달러어치의 석유를 팔았다. 2007년 수익은 6000억 달러를 넘었을 것이다. 석유 가격이 추가로 상승했고, 수출량도 약간 증가했기 때문이다.

하게 선적 · 저장할 수 있는 또 다른 에너지원을 도입하기 위해 천연가스 개발과, 자본 집약적인 천연가스 배급 시스템 건설을 지원했다. OPEC 이외의 국가들에서 석유 탐사 활동이 촉진되었다. 그 결과 북해의 유정 같은 유전들이 추가로 개발되었고, 원유가가 인상되는 바람에 이제는 경제적 채산성까지 갖추게 되었다. 이런 일련의 대응 조치들이 이루어진 결과 OPEC에서 수입되는 석유의 양이 약 10년 후 감소하기 시작했다. 그렇게 되자 시장의 법칙에 따라 다시 가격도 떨어졌다. OPEC은 1987년경에 1973년에 팔았던 원유량의 겨우 절반 정도만을 팔고 있었다. OPEC 국가들이 석유를 수출해 벌어들이던 돈의 금액에도 커다란 변화가 일어났다. 1973년 약 300억 달러였던 것이 1970년대 말 2600억 달러로 치솟았다가 다시 1988년 약 900억 달러로 감소한 것이다. 판매량 감소 및 판매가 하락이 모두 이에 영향을 미쳤다. 이 수치가 해당 시기 달러의 액면가일 뿐, 인플레이션 효과를 감안해 보정되지 않았음을 고려하면 결국 이 숫자놀음 속에 OPEC 국가들의 경제가 심각한 타격을 입었음을 분명하게 알 수 있다.

OPEC은 세계 시장에 내놓을 석유량의 상한선을 정하자는 회원국들의 합의를 도출해 가격 하락 추세와 수요 감소에 맞서려고 했다. 그러나 불행하게도 모든 회원국이 항상 이 합의 내용을 지키지는 않았다. 그 이유는 OPEC의 구조에 있었다. 1960년에 설립된 OPEC은 빈에 사무소를 두고 있다. 애초에 OPEC은 석유 수출국들이 자국에서 석유를 채굴하는 대규모 외국 원유 기업들에 맞서 공동의 이익을 도모하기 위한 기구로 출범했다. 알제리, 에콰도르, 가봉, 인도네시아, 이란, 이라크, 쿠웨이트, 리비아, 나이지리아, 카타르, 사우디아라비아, 아랍에미리트연방, 베네수엘라가 OPEC의 회원국들이었다. 그러다 1990년대에 에콰도르와 가봉이 탈퇴했다. 이제 회원국들의 특징을 보자. 아랍 국가들은 일반적으로 인구가 적고, 석유 매장량이 많다. 그들이 석유를 수출하는 주된 목표는 양질의 삶을 영위할 수 있게 해줄 소득원을 확보하는 것이다. 반면 알제리, 에콰도르, 가봉, 인도네시아, 베네수엘라 같은 나라들은 인구가 많고, 석유를 팔아서 번 돈을 신속하게 다른 경제 부문을 건설하는 데 투입해야만 한다. 일자리를 창출하고 번영을 도모하는 조치인 셈이다. 인도네시아 같은 일부 국가는 석유 매장량이 적기도 하다. 이런 나라들은 석유에서 장기간의 소득 창출을 기대할 수도 없다. 두 번째와 세 번째 그룹에 속한 국가들의 이해관계가 아랍 국가들의 이해관계와 상당히 다를 수밖에 없는 이유이다. 아랍 이외의 국가들은 가능한 한 빨리 최대한 많은 양의 석유를 팔아치우고 싶어 한다. 대규모로 증가하는 인구 압력에 대응할 수 있는 재원을 확보하려면 이는 불가피하다. 이런 난맥상 속에서 가격이 요동을 쳤다. OPEC의 애초 목표에 반하는 결과를 얻고 만 셈이다. OPEC은 지난 10년 동안 이런 가격 변동을 인정하고서 수출 기준을 어느 정도 유지할 수 있었다. 그런데 2004년 이후로 새로운 양상이 전개되었다. 예기치 않게 석유 수요가 급증한 것이다. 고도 성장을 구가하던 신흥 시장 국가들이 석유를 달라고 아우성쳤다. 그사이 유전 개발은 비교적 완만한 속도로 이루어졌다. 게다가 이라크 같은 몇몇 국가들의 원유가 세계 시장에서 잠시 사라지기까지 했다. 결국 다시 한 번 세계 석유 시장은 판매자 중심 시장으로 바뀌고 말았다. 원유 가격은 다시 상승했다.

세수의 원천으로서의 석유

석유 가격 결정에 영향을 미치는 여러 요소들을 살펴봤으니, 이제 국가의 역할도 자세히 검토해 보도록 하자.

유럽 국가들은 제2차 세계 대전 이후 휘발유와 디젤유 판매를 교통 및 운송 분야의 추가적 세수 원천으로 보기 시작했다. 주유소에서 내는 돈의 상당한 몫이 국고로 흘러 들어간다는 걸 모르는 사람은 아무도 없다. 예컨대, 휘발유 1리터는 독일에서 2008년 봄에 1.45유로였다. 갤런당 약 8.80달러였던 셈이다. 그때 원유는 배럴당 100달러였다. 당시의 유로-달러 환율을 바탕으로 계산해 보면 원유 1리터가 약 43유로센트라는 말이 된다. 원유와 파생 제품을 운송하고, 원유를 정유 공장에서 휘발유나 디젤유 같은 파생 제품으로 만들어내는 데 추가로 리터당 약 12센트를 계상할 수 있겠다. 주유소 사장에게 리터당 2센트를 쥐어준다고 해보자. 그렇게 해도 판매 가격의 약 3분의 2가 한 종류 이상의 세금임을 우리는 알 수 있다. 석유세, 환경세, 부가가치세 등등. 모든 시민이 평등하게 취급되고, 세금 부과가 정당하다고 여겨지는 나라라면 이런 절차와 질서에는 문제가 없다. 차량의 연료에 고율의 세금을 매긴다는 유럽의 개념은 1950년대와 1960년대의 역사적 상황에 의해 형성되었다. 엔진을 탑재한 차량이 늘어나면서 도로망 확충에 대규모로 투자해야 하는 과제가 신속하게 해결돼야 했고, 그 돈은 새로운 세수로 충당되었다. 나중에는 또 다른 요소가 두드러졌다. 인위적으로 연료의 가격을 인상해 차량들의 에너지 효율성을 높일 필요성이 바로 그것이었다. 이런 조치가 과거에는 상당한 효과를 보았던 것 같다. 15년 전에 유럽의 고품질 중형 차량은 동급의 미국 차량보다 킬로미터당 약 3분의

1 더 적은 연료를 소모했다. 미국에서는 휘발유에 사실상 세금이 붙지 않는다. 물론 상황이 어느 정도 바뀌기는 했다. 근년에 원유 가격이 오르면서 미국 소비자들도 거의 세 배 가까이 상승한 휘발유 가격을 부담하고 있다. 여전히 유럽의 절반에도 못 미치는 수준이지만, 미국인들도 이제는 연비 효율이 더 좋은 자동차를 구매하려 하고 있다.

소비자의 입장에서 석유를 보면

지금까지 우리는 주로 공급자의 관점에서 석유라는 상품을 살펴보았다. 이제는 입장을 바꿔, 소비자의 관점에서도 보도록 하자. 공장의 구매 담당이나 자가용 차에 주유를 하려는 개인 소비자를 염두에 두면 좋을 것이다. 후자부터 분석해 보자. 얼핏 보더라도 연료 부문은 여러 주유소들이 직접적인 형태로 경쟁하는 풍경이다. 당신은 어떤 "브랜드"나 특정 장소, 또는 가장 편리한 곳에서 주유를 할 수 있다. 그러나 잘 생각해 보라. 미국과 유럽의 주유소 부문은 불과 몇 개의 대기업이 시장을 나눠 갖고 있다. 심지어는 이 몇 개 기업들마저 최근에 서로 합병해 버렸다. 그럼에도 여기에서도 수요와 공급의 법칙이 작동한다. 비록 가격 차이가 작기는 하지만 말이다. 예컨대, 여름휴가 때 차량이 몰리는 도로에 위치한 주유소들에서는 확실히 연료의 가격이 오른다. 새봄이 찾아오고 햇살이 유쾌함을 더할 때에도 교통량이 증가하고, 덩달아서 주유소의 휘발유 가격도 올라간다.

가끔은 형편없는 날씨로 인해 수요가 감소하면서 휘발유 가격이 다시 하락하기도 한다. 그러나 대체로 보아 여기에는 공급으로부터 다소 독립적인 수요 행동이 확립되어 있다. 가격과 도로 주행 사이에 신축성이 거의 없다는 얘기이다. 우리가 각자의 차량을 사용할지 말지와 관련해 내리는 결정은 연료 가격에 기초하기보다는 다른 요구 조건과 필요에 따른다. 예컨대, 업무상의 출장인지, 그냥 시골을 내달리고 싶은 것인지 같은 조건들이 더 중요한 것이다.

석유라는 에너지원은 기술적인 측면에서 볼 때 장점이 대단히 많다. 석유가 전 세계 개인 운송 수단의 근간을 이루는 이유이다. 오늘날 전 세계 이동 수단의 80퍼센트 이상이 석유 제품을 사용해 운행된다. 석유는 취급이 용이하다. 또 에너지 밀도가 높다. 때문에 비교적 작은 부피의 연료만으로도 먼 길을 여행할 수 있다. 우리는 주유소에서 매번 이 사실을 확인한다. 석유는 운반하기도 저장하기도 쉽다. 석유가 운송 부문을 독차지하게 된 이유다.

산업 부문의 구매자 처지라면 석유는 이와 달라 보일 것이다. 그가 구매하는 석유는 사무실과 생산 공장에 열을 공급하고, 특히 필요한 공정열(예컨대, 발전이나 살균 및 농축용 수증기)을 생산해야 한다. 산업계의 구매자에게는 석유의 물리적 특성이 아주 중요하다. 그러나 그는 목적에 따라 다른 에너지원도 사용할 수 있다. 특히 요즘은 석유가 천연가스와 치열하게 경쟁을 벌이고 있다. 천연가스는 석유만큼이나 물리적 특성이 우수하고, 처리 조작이 용이하며, 따로 보관할 필요가 없다는 장점도 가진다. 산업 부문에서 석유가 다른 에너지원들과 경쟁을 벌이고 있는 이유이다. 발전소에서 석유를 사용하는 사안도 마찬가지이다. 1970년대 말에 "탈석유" 정책이 실시되었고, 그 결과, 예컨대 독일은 전력 생산에 석유를 사용하지 않기로 결정했고, 대체물로 석탄을 선택했다. 하지만 다른 나라들은 상황이 달랐다. 발전도상국과 선진국을 불문하고 많은 국가들이 발전용 연료로 여전히 석유를 사용하고 있는 것이다. 중질 연료유가 대표적이다.

천연가스

천연가스는 선진국들뿐만 아니라 중국 같은 신흥 시장 국가들에서도 석유와 경쟁하고 있다. 특히 발전용과 산업용뿐만 아니라 건물 난방용으로도 천연가스가 시장에서 커다란 몫을 차지하게 됐다. 예컨대, 1976년에는 독일 공동 주택의 16퍼센트만이 가스로 난방과 취사를 했다. 그러던 것이 2006년에는 48퍼센트로 세 배 증가했다. 천연가스도 공급 측면에서 보면 소수 독점 지배 구조이다. 석유 산업의 OPEC과 유사한 공급국 집단이 존재하는 것은 아니다. 그러나 그럼에도 전 세계적 수요의 측면에 비추어볼 때 천연가스를 대량으로 공급할 수 있는 나라는 15개국뿐이다. 유럽에 천연가스를 공급하는 곳은 주로 러시아, 노르웨이, 네덜란드, 지중해의 천연가스 광상이다. 천연가스는 배관망 에너지원이기 때문에 기반 시설이 매우 자본 집약적이다. 시베리아에서 서유럽에 이르는 천연가스 파이프라인의 총연장이 4,500킬로미터에 이른다는 사실이 이를 생생하게 증명한다. 이 파이프라인을 구축하는 데 들어간 비용을 오늘날의 신공법 가격으로 환산하면 60~90억 유로쯤 될 것이다. 천연가스 산업이 투자 비용을 남김없이 회수하도록 압박을 받는 것은 이런 이유 때문이다. 시장에서 합리적인 가격으로 천연가스를 공급할 수 있으려면 채굴과 운반 영역에서 최대한으로 비용을 절감해야만 한다. 장기 판매 계약이 선호되는 것도 이 때문이다. 이것이 석유 산업과는 근본적으로 다른 점이다. 천연가스를 운반하고 저장하는 것보다는 석유를 운반하고 저장하는 게 기술적으로 더 쉽다. 석유 산업에서는 이런 비용이 부차적이다. 천연가스 산업에서는 이 비용이 채굴 다음으로 중요한 비용 요소이다.

이렇게 천연가스를 러시아에서 유럽으로 운반해 시장에 공급하는 파이프라인 회사들과 천연가스 생산 기업들이 장기 판매 계약을 맺는다고는 해도, 그 가격이 오랜 시간에 걸쳐 꼭 고정 유지되는 것은 아니다. 역사적으로 일부 국가에서는 천연가스 가격이 유가에 고정되는 경향이 있었다. 원유 가격이 등락하면 두세 달의 시차를 두고 천연가스 가격도 보조를 맞춰 등락을 하는 것이다. 이런 가격 정책에 대해 정치적으로 의혹이 빈번히 제기됐다. 예컨대, 독일 시장에서는 이 정책이 적용되지만 영국 시장에서는 적용되지 않는다. 지금까지 두 나라에서 판매된 가격과 매출액을 비교해 볼 때, 천연가스 가격을 석유에 고정하지 않으면 소비자가 천연가스를 더 싸게 살 수 있을 거라고 쉽사리 단정할 수가 없다. 20년 전에는 석유 가격이 상승할 경우 값싼 천연가스로 지나치게 쏠리는 현상을 막기 위해 이 가격 고정 제도를 실시했었다. 오늘날에는 이런 근거가 더는 유효하지 않다.

이상의 설명을 통해 우리는 주요 에너지가 세계 시장의 수요와 공급의 법칙에 따라 거래됨을 알 수 있었다. 석유는 주로 현물 시장에서 단기 계약으로 거래된다. 구매자들의 관점에서 보면, 전 세계 많은 나라에서 시장은 항상 규제 아래 있지 않다. 에너지원들 자체가 서로 경쟁할 뿐만 아니라 다양한 공급자들에 의해서도 경쟁하기 때문이다. 천연가스 및 전기와 같은 배급망 에너지원의 경우 특히나 더 그렇다. 우리는 다음 장에서 이 두 에너지원과 그것들의 시장을 더 자세히 살펴볼 것이다.

8 배급망 에너지의 특징

규제가 철폐■되면서 형성된 시장

배급망 에너지들인 천연가스, 전기, 지역난방에는 많은 자본이 투입되어야 했고, 바로 이 때문에 과거에 대다수의 선진국들은 자국의 에너지 공급 시장에 대한 통제를 풀지 않았다. 간단히 말해서, 공급 부문을 몇몇 사업 시행자들이 나누어 가졌다는 얘기이다. 경쟁은 허용되지 않았다. 이는 훨씬 더 큰 자본이 형성돼 소비자들에게 더 비싼 가격을 부담시키지 못하게 하려는 조치였다. 소비자들은 자신들이 살고 있는 지역을 담당하는 공급업자한테서만 가스와 전기를 구매할 수 있었다. 그러다 1990년대 중반 이후 미국과 중부 유럽에서 이런 시장들에 대한 규제가 철폐되었다. 배타적인 공급 시장은 폐지되었다. 이제는 여러 기업들과 새로운 거래상들이 자신의 에너지를 수요가 있는 곳 어디에서나 팔 수 있게 됐다. 구매자 역시 여러 기업들 가운데서 쇼핑하듯 에너지를 선택해 구입할 수 있다. 천연가스를 공급자와는 다른 회사 소유의 배급망을 통해 제공받는 경우도 생겼다. 물론 돈을 내고서 말이다. 에너지가 다른 모든 것처럼 상품이라는 생각이 이 모든 변화의 바탕을 이룬다. 규제 시장에서처럼 폭리를 취하는 회계 관행이 아니라 시장의 힘에 의해서 가격이 결정돼야 한다는 것도 이런 변화의 근간을 이루는 생각이다.

천연가스, 전기, 지역난방은 배급망 에너지이고, 석유, 석탄은 비非배급망 에너지이다. 지금부터는 이 둘을 비교하며, 배급망 에너지의 다양한 가격 구조를 설명하고자 한다. 배급망 에너지를 운용하려면 막대한 자본이 필요하다. 설치한 배급망을 24시간 내내 중단 없이 가동해 최대한 활용해야 하는 이유다. 그러나 그렇다 한들 하루의 상이한 시간대와 1년의 상이한 계절에 따라 필요한 에너지량이 수시로 변하는 각기 다른 소비자들의 요구를 만족시킬 수는 없는 노릇이다. 예컨대, 지역난방이 주택과, 여름철에도 난방열이 필요한 세탁소, 병원, 수영장 등의 고객들이 있는 곳에서만 경제적으로 의미를 가지는 것은 이 때문이다.

무연탄이나 석유를 구매하는 사람들은 자신들이 실제로 사는 양만큼만 돈을 낸다. 배달되는 무연탄의 톤 수나 탱크에 주입되는 휘발유의 리터 수에 따라 값을 치르는 것이다. 그러나 배급망 에너지를 구매하는 사람들은 이른바 수요 가격demand price이라는 기본료도 내야 한다. 기본료는 매달 정해져 있다. 이것의 기능은 공급업자의 대단위 자본 투자 비용을 분산 벌충해 주는 것이다. 소비자는 배급망 에너지를 무제한으로 이용할 수 있는 특권에 돈을 낸다. 배급망 에너지와 유사한 비용 구조를 통신 서비스에서도 찾아볼 수 있다. 통신 사업의 경우도 회선과 전파 송신권에 많은 투자가 이루어진다. 통신망을 이용한 사업 소득 자체는 매우 적다. 그러나 통신망과 에너지 공급망 사이에는 아주 커다란 차이가 존재한다. 에너지 공급망은 "통화 중일" 때가 없다. 용량에 제한이 있어서 소비자가 서비스에서 배제되는 일이 없다. 소비자는 원하면 언제라도 에너지를 마음껏 사용할 수 있다. 통신 분야의 절차를 배급망 에너지에 적용해 보면 다음과 같은 일이 일어난다. 먼저 당신이 코드를 콘센트에 꽂거나 텔레비전 수상기를 튼다. 부하負荷를 관리하는 중앙 통제소로 통신 채널을 통해 요청이 전달된다. 필요한 에너지량과 이를 뒷받침하는 발전소의 수용량이 해당 시점에서 이용 가능한지의 여부를 알아보는 절차가 수행되는 것이다. 이제 이용하고자 하는 설비가 켜지거나, 아니면 "과부하" 상태라는 신호가 뜰 것이다. "과부하" 상태란 현 시점에서는 에너지를 전혀 공급해 줄 수 없다는 얘기인 셈이다. 이 비교를 통해 우리의 에너지 공급 시스템이 특별한 수요에 종속되어 있음을 알 수 있다.

지역난방과 전기는 두 가지 다른 특징이 있고, 이 때문에 천연가스와 다르며, 거래 방식과 가격 책정 방식도 달라진다. 운송 과정에서 발생하는 에너지 손실이 첫 번째이다. 지역난방열은 품질이 나빠지거나 사라져버릴 수 있는 상품이다. 파이프라인의 단열이 아무리 탁월할지라도 뜨거운 물은 열을 빼앗긴다. 지역난방은 원하는 곳 아무 데로나 운송 분배할 수 있는 게 아니다. 독일 대도시들의 경우 가동 중인 지역난방 네트워크들을 보면 열원 생산지와 소비자 사이의 거리가 최대 20킬로미터 정도이고, 많은 경우 이보다 더 짧다. 물론 시베리아처럼 기후 조건이 극단적이어서, 지역난방 시스템이 과거 한때 정치적으로 매우 중요했던 일부 국가에는 상당히 긴 파이프라인이 설치되어 있다. 이런 경우는 지역난방열 생산지로부터 멀리 떨어져 있는 소비자가 필요로 하는 것보다 훨씬 더 높은 온도로 최초 온수를 공급함으로써 열 손실을 보충해 줘야만 한다. 이쯤 되면 지역난방이 과연 최적의 에너지 공급책인가 하는 미해결의 문제가 떠오르게 된다.

전기 역시 상당한 손실을 감수하지 않고서는 장거리를 이동할 수 없다. 발전소를 소비 중심지 근처에 짓는 것은 이와 같은 경제적 이유 때문이다. 전기는 통상 교류 형태로 운송된다. 발전기에서 나올 때 이미 그런 형태이기 때문일 뿐 아니라, 교류 형태여야 여러 전압으로 승압 및 감압하기가 쉽기 때문이다. 물리 법칙에 따르면 전력선에서 송전압이 높을수록 손실이 더 적다. 배전망 관리 운영자들이 발전소에서 소비자 주변까지 최대한 높은 전압으로 전기를 운반하려고 애쓰는 이유다. 배전망이 처리할 수 있는 전압 수준은 각기 다르다. 예컨대, 독일에서는 발전소의 전압이 22~38만 볼트이다. 이 전압으로 주요 도시까지 송전된 전기는 다시 11만 볼트로 감압된다. 도시의 여러 거점으로 공급될 때의 전압이 이 수준이다. 여기서 전기는 다시 3만 볼트로 감압돼, 주택가로 분배된다. 마지막으로 감압되는 전압 수준은 230볼트와 400볼트이다. 일부 국가에서는 115볼트가 표준이지만, 유럽인들이라면 230볼트와 400볼트에 익숙할 것이다. 우리는 각 가정의 콘센트를 이용해 그 전기를 이용한다. 대규모 산업 소비자들은 고압 상태의 전기를 직접 공급받는 일이 잦다. 그들은 운영하는 시설 내부에 자체 분배 설비를 갖추고 이를 직접 관리한다.

전기의 두 번째 특징은 충분한 양을 저장할 수 있는 시스템이 전무하다는 것이다. 양수 발전소라는 것이 있기는 하다. 계곡에서 높은 곳에 위치한 저수조로 물을 퍼 올려 필요할 때 발전을 함으로써 최대 수요량을 맞추는 시스템이다. 그러나 양수 발전소 건설은 경제적으로 볼 때 별로 적절한 해결책이 아니다. 지형 조건 때문에 양수 발전이 아예 불가능한 나라도 여럿 있다. 따라서 전기는 항상 소비자가 요구하는 양만큼만 정확하게 생산해야 한다. 과거의 패턴을 분석해 보면 소비자의 행동 양상을 어느 정도 예측할 수 있다. 그러나 실제에서는 예측 전기량과 실제 수요량 사이에 항상 편차가 생긴다. 이런 이유로, 전력 생산량을 급격히 늘리거나 줄임으로써 이 격차를 메우는 용도의 발전소들을 짓기도 한다. 그런데 여기에는 많은 비용이 들어간다. 이런 발전소들은 전기를 별로 생산하지 않는 데다가 일단 생산한 양은 반드시 빠른 시간 내에 다 써야 하기 때문이다. 여기에 드는 비용은, 우편함에 들어 있는 전기 요금 고지서를 통해 소비자들이 지불하게 된다. 전기를 충분히 저장하는 게 불가능하기 때문에, 예비 발전소를 지어놓고 언제든 가동할 수 있도록 대기하는 것도 불가피하다. 기존 시설이 기술적인 이유로 예기치 않게 가동 중단될 경우 이 예비 발전소가 운영된다. 이런 대비 조치 역시 추가로 많은 비용을 발생시킨다. 가스 산업처럼 전력 산업도 발전소와 배급망에 많은 자본이 투자되는 비용 구조를 그 특징으로 한다.

상품거래소 거래■

전기는 상품이다. 규제가 철폐된 시장들을 보면, 생산된 전기가 상품거래소에서 거래되는 일이 점점 더 많아지고 있다. 가스 산업도 이런 추세를 따르고 있다. 독일의 주요 상품거래소는 라이프치히에 있는 유럽에너지거래소European Energy Exchange ; EEX이다. 거래소 거래에는 두 가지 장점이 있다. 첫째, 전기 생산업자는 자신의 발전소에서 생산한 전기를 더 충분히 활용하고자 하기 마련인데, 이 거래소에서 추가로 구매자들을 찾을 수 있다. 둘째, 구매자의 경우 값싼 전기를 사려고 애써 볼 여지가 생긴다. 발전 용량을 충분히 가동하지 못하고 있거나, 적어도 더 적은 지출로 한계 수익을 올리고자 하는 공급자를 만날 수도 있기 때문이다. 다른 모든 거래처럼 상품거래소의 전기 거래도 미리 정해진 확고한 규칙들에 따라 이루어진다. 예컨대, 하루 전 거래day-ahead trading라고 하는 것이 있다. 구매자들이 하루 전에 특정한 가격에 사고자 하는 전기량을 고시한다. 가격은 시간대별로 다시 제시한다. 전기 생산자도 특정한 가격에 팔고 싶은 전기량을 고시한다. 역시 가격은 시간대별로 다시 제시한다.

이제 이 두 집단이 합의점을 찾아간다. 거래량과 가격이 공개되는데, 상품거래소 참가자들이 수량-가격 관계를 바르게 파악하도록 하기 위함이다. 합의점을 찾지 못하면 거래는 처음부터 다시 시작된다.

통합 배급 체계

유럽은 상호 연결된 고압 배전망으로 뒤덮여 있다. 다양한 에너지원이 연결되어 있기 때문이다. 오스트리아의 수력 전기가 북부로 운반되고, 석탄을 태우는 북부의 발전소 전기가 남부로 송전된다. 예컨대, 이탈리아는 발전소를 충분히 건설하지 못한 상황이어서 매일 많은 양의 전력을 프랑스에서 들여온다. 당연히 송전선에서 전력 손실이 많이 발생한다. 2003년 여름 어느 날 밤 이탈리아에서 정전 사고가 발생했다. 스위스에서 실수로 고압 전력선을 꺼버렸던 것이다. 이탈리아는 프랑스의 원자력 발전소 4기가 생산하는 전력 전부인 5GW를 수입해야만 했다. 유럽연합이 전력 시장 규제를 철폐한 것은 대기업들이 가장 유리한 곳에서 전기를 살 수 있도록 하기 위해서였다. 그때 이후로 배전망은 과도한 부하를 받고 있다. 애초에 그렇게 설계되지 않았기 때문이다. 북부에서는 풍력 전기까지 유입되고 있다. 미래에 배전망을 확장하려면 많은 투자가 필요할 테고, 전기 가격도 상승할 것이다.

발전도상국의 전기

발전도상국에서는 전기라는 상품이 확실히 다른 지위를 차지한다. 인도네시아의 사례를 통해 이를 확인해 보자. 이 나라에도 각기 다른 에너지원을 사용하는 발전소들이 있다. 물리학의 법칙은 전 세계에서 동일하기 때문에 이 나라에서도 송전과 분배를 위해 상이한 전압을 책정해 활용한다. 그러나 차이점도 있다. 소비자들은 공급자가 제공할 수 있는 것보다 더 많은 양의 전기를 요구한다. 수요가 공급에 의해 충족되리라는 것을 언제나 확신할 수는 없는 이유이다. 수요가 항상 똑같은 것도 아니다. 전기 수요가 최대량에 이르는 때가 있다. 예컨대, 사람들이 일터에서 돌아와 텔레비전과 전등을 켜는 저녁 시간이나 에어컨이 최대로 가동되는 여름철의 한낮이 그렇다. 이때에는 소비자들이 요구하는 전기량이 발전소가 공급할 수 있는 양보다 더 많다. 보충 발전을 해야만 하고, 그러는 방법이 몇 가지 있다. 인도네시아에서 소비자는 전기를 킬로와트시가 아니라 피크 타임peak time에 사용할 수 있는 최대 킬로와트로 산다. 이를 위해 기술적으로 아주 간단한 절차가 동원된다. 봉인된 차단 장치가 설치되며, 이는 정해진 전력 강도에서 활성화된다. 다시 말해, 구입된 발전량을 초과할 경우 전기를 차단해 버리는 것이다. 더 많은 전기를 원할 경우는 차단 장치를 교체한다. 교체 비용은 꽤 비싸다. 선진국들에도 전력선의 전기를 제한하는 차단 장치가 있기는 하다. 하지만 이 장치는 배급 할당에 사용되는 것이 아니라 주택의 전기 배선을 화재를 일으킬 수 있는 과부하로부터 보호하는 데만 이용된다. 인도와 중국 같은 일부 국가에서는 모든 소비지에 한꺼번에 다 전기를 공급하지는 않는 방식으로 수요량과 이용 가능한 산출량이 동조 일치된다. 단전 일정이라는 게 있고, 모두가 언제 전기를 이용할 수 없는지 아는 것이다. 이런 식으로 소비자의 수요가 이용 가능한 발전량에 순응 개조된다.

국가의 개입

전기 가격이 항상 시장 시세를 따르는 것은 아니다. 이는 가스와 기타 에너지원도 마찬가지이다. 에너지는 특별한 대상이다. 전 세계의 거의 모든 정부가 자국의 다양한 정치적 목표를 실현하기 위해 에너지 부문을 활용하고 있다. 에너지는 에너지세 및 기타 세금의 형태로 국고 수입의 원천이 되어준다. 에너지 가격을 낮게 유지하는 정책을 펴서 유권자들의 환심을 살 수도 있다. 또한 저발전 지역에 산업을 유치하기 위한 추가 유인으로 에너지를 이용하기도 한다. 에너지 가격은 공급 안정성을 이유로 정치적 고려에 의해 결정되기도 한다. 예컨대, 독일은 공급 안정성을 위한 것이라는 명목 아래 오랫동안 석탄 산업에 많은 보조금을 지급했다. 그러는 동안 세계 시장을 통해 석탄을 더 싸게 입수할 수 있었음은 물론이다. 몇 가지 통계를 보면 독일 국고에서 에너지가 차지하는 중요성을 잘 알 수 있다. 독일이 2006년 에너지 관련 분야에서 거둬들인 총 세수는 재무부 통계에 따르면 440억 유로였다. 이 가운데 약 90퍼센트가 석유와 천연가스에 부과된 세금이었고, 나머지 10퍼센트는 전기에 부과된 세금이었다. 면허를 발급하고 부과하는 지방세도 있다.

일부 국가에서는 차등 전기세 제도를 시행한다. 개인 소비자들의 경우 생산 단가 이하로 전기를 살 수 있지만 산업 구매자들의 경우 생산 단가와 비교해 더 비싼 가격을 내야 하는 식이다.

에너지원 획득 및 조달과 에너지 시스템 개발에는 많은 경우 보조금이 지급된다. 예컨대, 독일에서는 연방 정부와, 석탄 광산이 있는 주의 정부들이 오랫동안 무연탄 채굴 활동에 보조금을 주었다. 보다 최근에는 재생 가능 에너지 분야가 재생 에너지 법Renewable Energies Law ; REL에 근거해 상당 수준의 초기 활동 지원을 받고 있다. 배전망 운영자들은 이 법에 따라 재생 가능 에너지 분야가 생산해 공급하는 전기를 언제고 자신들의 배전망에 수용해야 한다. 그에 따라 다른 발전소에서는 의무적으로 전력 생산을 줄여야 한다. 그러나 현재의 기술 수준에서 태양광과 풍력에너지의 전기는 석탄이나 원자력 발전으로 얻는 전기보다 훨씬 더 비싸기 때문에 재생 에너지 법에 따라 전기 소비자 전부가 그 격차 손실을 부담하고 있다. 물론 이 보조금의 재원이 국가에서 나오는 게 아니기 때문에 법리를 엄격하게 적용하면 이게 보조금이 아닐 수도 있다. 그러나 정치적 조치, 곧 정책임은 분명하다. 전기 회사들은 법을 따라야만 하는 것이다.

배급망 에너지 분야의 경우 국가는 다른 방식으로도 시장에 개입한다. 개인 소비자들이 치르는 가격의 책정 원칙은 법령으로 확립된다. 예컨대, 어떤 소비자가 특정한 가격을 수용하기로 마음먹었다면 그는 마찬가지로 그 가격을 받아들이기로 한 다른 모든 사람들과 똑같이 돈을 낸다. 공급자도 도심에 사는 소비자와 산간벽촌에 사는 사람들을 구분하지 않는다. 도심의 경우 연결 밀도가 더 높기 때문에 일반적으로 공급 비용이 더 낮고, 산간벽촌의 경우는 더 긴 파이프라인과 전력선이 필요한데도 말이다. 전기 시장의 규제가 철폐되지 않은 나라들에서는 국가가 국유 기업들을 통해 전력의 생산과 분배를 담당한다. 프랑스에 있는 프랑스전력Electricitéde France이 그런 예다.

유럽연합은 마스트리히트 조약에 따라 에너지에 대해 어떤 권한도 갖지 않는다. 에너지 분야에서는 여전히 개별 국가가 온전히 그 책임을 다 지고 있다. 그러나 그럼에도 유럽연합은 에너지 시장에 개입하고 있다. 한편으로 유럽연합이 환경과 기후 쟁점을 다루고 있기 때문이다. 발전소의 배출 가스 문제가 여기 들어간다. 다른 한편으로 유럽연합은 전기와 가스를 여느 것처럼 거래가 가능한 상품으로 이해한다. 이 기구가 부속 문서의 자유 무역 보장 조항에 근거해 여러 해 동안 지속적으로 가스와 전기 시장의 규제를 폐지하라고 요구하는 까닭이다.

전기의 대가?

에너지의 가격은 주유소를 가면 가장 확실하게 알 수 있다. 주유

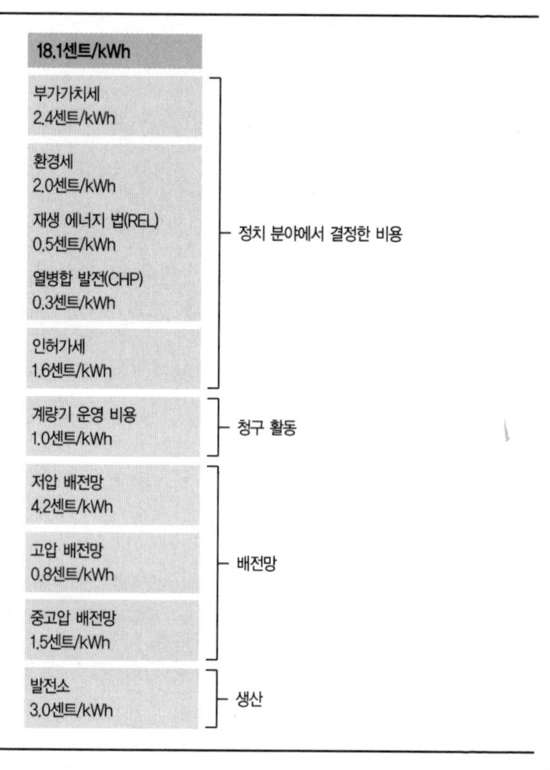

그림 9 소비량이 중간 정도(약 4,000kWh)인 독일 가구의 전력 1킬로와트시당 비용 항목 분석 (2007년 가을 기준)

비를 직접 내니까 말이다. 그러나 천연가스와 전기 값이 얼마나 비싼지를 확실히 알기란 매우 어렵다. 정해진 요율에 따라 요금이 월 단위로 청구되기 때문이다. 소비자는 1년에 한 번씩 협정 가격이 정해질 때에나 비로소 절대 비용, 곧 에너지 단위당 가격을 알 수 있을 뿐이다. 소비자가 지불하는 가격이 어떤 요소로 구성되는지에 관한 다음의 논의도 매우 흥미롭다. 그림 9는 1kWh의 가격이 평균 약 18센트임을 보여준다.

판매 비용을 포함한 실질적인 생산비는 킬로와트시당 3센트에 불과하다. 6.5센트는 배전망 비용이다. 고압 전력선을 사용해야 하고, 중저압 배전망을 통해 전기를 분배해야 하기 때문이다. 여기에 전기를 계량하는 비용이 추가된다. 계량기 자체와 계량기를 검침하고 결과를 취합하는 활동 비용이 1센트이다. 그렇다면 소비자가 거실의 콘센트에서 뽑아 쓰는 1kWh의 전기는 10.5센트여야 하지 않을까? 그렇지 않다. 이 외에도 정부가 부과하는 할증금이 있기 때문이다. 예컨대, 독일에는 이른바 인허가세라는 게 있다. 지방 자치 당국이 전기 회사에 지역 통행을 허가해 주고 대가로 받는 면허세를 말한다. 전기 회사는 이런 인허가를 통해 자사의 전력선을 해당 지자체의 지상이나 지중으로 가설 운영할 수 있게 되는 것이다. 인허가세는 지역의 인구수에 따라 결정된다. 주민이 25,000명 이하인 지역에서는 가정용 전기 1kWh당 1.32센트이고, 주민이 50만 명 이상인 도시에서는 kWh당 2.39센트이다. 전국 평균 인허가세는 kWh당 약 1.6센트이다. 산업 소비자들에게 청구되는 전기 인허가세는 더 적다. 여기에는 사업 경쟁력을 강화해 주어야 한다는 개념이 자리하고 있다. 결국 소비자 집단에 따라 인허가세가 다르게 책정되어 있는 셈이다.

같은 이유로 가스 부문에서도 인허가세를 지불해야 한다. 전기 가격에 정부가 붙이는 또 다른 할증금은 열병합 발전을 촉진하기 위해 징수된다. 이는 지역난방열과 전기를 동시에 생산하는 매우 효율적인 발전소를 지원하기 위한 조치이다. 재생 에너지 법에 따라 내야 하는 지불 분담금도 있다. 이 재원으로는 풍력, 태양광, 수력, 기타 재생 가능 발전 시스템들에서 나오는 전기의 급송 활동을 지원한다. 연방 정부는 전기에서 "환경세"도 징수한다. 그러나 이 환경세는 사실 환경 개선에 사용되지 않는다. 재무부가 노인 보호 제도를 계속 유지하기 위한 추가 비용이 절실했을 때 도입한 게 환경세이다. 마지막으로, 거의 모든 것에 부과되는 부가가치세value added tax ; VAT가 있다. 종합해 보면, 이렇게 가외로 붙은 지불 비용이 전기 가격의 약 40퍼센트를 차지한다.

전체 비용에서 실제의 발전 비용, 다시 말해 발전소 비용이 매우 적다는 사실이 놀라울 수도 있다. 이것은 발전소가 오래되었기 때문이다. 발전소에 투입된 자본이 이미 충분히 분할 상환되었다. 그러나 향후 20년 동안 약 40퍼센트의 발전소를 교체해야만 한다. 이 가운데 절반은 계획 단계이거나 이미 발주가 난 상태이다. 그러므로 장래에는 전기 가격에서 발전소 비용이 차지하는 몫이 다시 증가할 것이다. 새로운 시스템 설치 비용을 분할 상환해야 하기 때문이다. 연료 가격 인상도 전기 가격 구성 요소의 추가 상승을 부채질할 것이다. 일반적으로 전기는 장래에 더 비싸질 것이다. 배전망 비용의 증가도 이런 추세를 강화하고 있다. 두 가지 상쇄 경향도 소개해 보자. 유럽연합 규정에 따라 전기 시장의 규제를 철폐한 국가들이 배전망 관리 기구를 만들고 있다. 배전망을 소유한 기업들은 자사의 비용 회계와 송전 비용 정보를 이제 관계 당국에 공개해야 한다. 이렇게 투명성이 높아지면 배전망 비용이 줄어들 것으로 예상된다. 고압 배전망을 확충할 필요성이 커지고 있다는 점도 지적해야 할 것이다. 앞에서 설명한 것처럼 배전망 부하가 서로 다를 뿐 아니라 풍력 전기 급송분도 처리해야 하기 때문이다. 노후 설비 교체 투자 시기도 점점 다가오고 있다.

지금까지는 개인 소비자들의 비용 구조만을 논의했다. 두 번째로 다루어야 할 소비자 집단은 산업 기업, 소규모 상인, 상업 및 서비스 기업이다. 여기에서는 규모의 경제가 개인 고객들에게서보다 훨씬 더 중요해진다. 구매하는 에너지의 양이 많을수록 가격 비용이 하락한다. 배급망 에너지의 경우는 정기적 구매가 중요하다. 한꺼번에 몽땅 사는 일은 가급적 피하는 게 좋다. 공급업자가 예비 용량을 대규모로 유지해야 하는데, 결국은 그 비용까지 치러야 하기 때문이다. 산업 기업들이 에너지를 구매할 때 최고량을 가급적 낮게 유지하려고 애쓰는 이유이다. 전기의 경우 주요 산업 기업들은 고압 배전망에 바로 연결되어 있다. 그들이 전기를 더 싸게 살 수 있는 이유는 공급업자가 분배 비용을 지불하지 않기 때문이다. 산업 구매자들은 인허가세와 환경세 세율이 개인 구매자들보다 훨씬 더 낮게 적용된다. 재생 에너지 법에 따라 전기 가격에 붙는 할증금도 마찬가지이다. 산업 구매자들은 제품을 시장에 내놓을 때 국제 경쟁에 직면한다. 에너지 비용이 전체 제조 원가의 작은 몫을 차지할 뿐이라고 할지라도 경쟁 요소인 것만은 분명한 사실이다. 이것 때문에 생산 거점을 다른 나라로 이전할지 말지를 결정하기도 하는 것이다. 정부가 소비자 집단에 따라 에너지 가격 지원에 차등을 두는 이유는 바로 이 때문이다.

제4부

에너지 개발과 운용

9 매장지(광상)를 차지하기 위한 경쟁

광상의 지리학

세계의 에너지 자원■은 불균등하게 분포되어 있다. 어떤 것들은 어느 대륙에서나 발견되지만, 소수의 몇 지역에서만 발견되는 것들도 있다. 그림 10은 이 분포를 보여준다. 에너지원에 따라 분류하지 않고 이용 가능한 에너지 자원의 전반적 상황을 살펴보면 다음의 세 부류로 나눌 수 있다.

1. 유라시아와 북아메리카와 중동에 자원이 가장 많다. 유라시아에서는 러시아에 많은 몫이 있다.

2. 아프리카와, 중국을 포함한 동아시아에서도 어느 정도 자원을 발견할 수 있다.

3. 유럽연합, 중앙아메리카와 남아메리카, 호주에는 자원이 부족

하다.

주요 선진국 가운데 하나인 일본의 경우 놀랍게도 자국에 주요 에너지 자원이 전혀 없다. 일본은 국내에서 필요한 거의 모든 화석연료와 핵연료를 수입에 의존한다.

에너지원의 종류에 따라 전 세계의 에너지 자원을 분류해 보면 아주 다른 그림을 얻을 수 있다.

석탄은 석유와 천연가스를 합한 것보다 두 배 더 많다. 그러나 소비의 측면에서는 이게 역전되어 있다. 전 세계적으로 석유와 천연가스가 석탄보다 두 배 더 많이 사용된다.

기존의 자원 가운데서 단연코 가장 많은 에너지를 함유하고 있는 석탄은 모든 대륙에서 발견된다. 대륙 사이에서 거래되는 석탄이 연간 채굴되는 양의 15퍼센트에 불과한 이유이다. 반면 석유는 전 세계에서 소수의 지역에만 집중되어 있다. 중동이 가장 유명하고, 중앙아메리카와 남아메리카 지역이 2위이다. 석유 부존자원이 훨씬 더 적은 3위 그룹은 북아메리카, 아프리카, 중국을 포함한 동아시아, 러시아, 그리고 유럽이다. 전 세계 석유 거래의 주요 흐름은 이런 분포상에 기초한다. 중동에서 세계의 온갖 다른 지역으로 석유가 적송됨을 알 수 있다.

천연가스도 거의 모든 대륙에서 채굴된다. 그러나 중동과 시베리아의 광상이 다른 대륙의 광상들에 비해 규모가 훨씬 더 크다. 천연가스 자원의 약 70퍼센트가 시베리아에서 카스피 해 지역을 거쳐 페

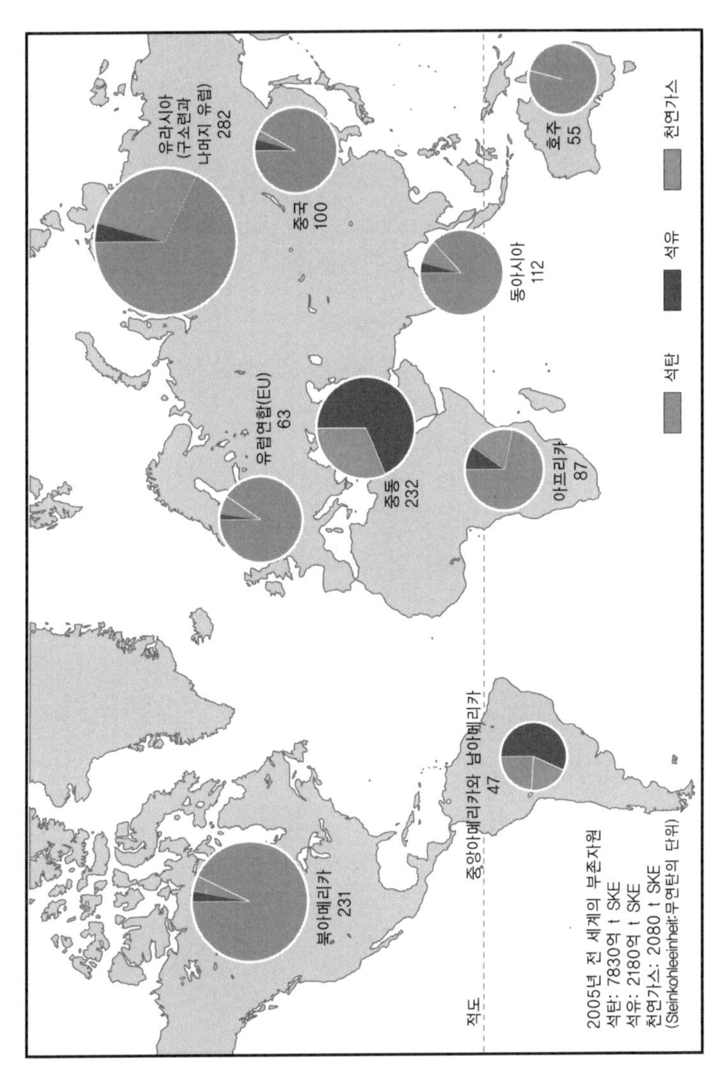

그림 10 에너지 자원들(석탄, 석유, 천연가스)의 세계 분포

르시아 만에 이르는 전략 요충지에 매장되어 있다. 따라서 순전히 지리학적인 관점에서만 보면 서유럽은 파이프라인을 설치해 이용할 수 있는 주요 천연가스 광상과 아주 가까운 거리에 있는 셈이다.

하지만 화석에너지들의 부존자원을 살펴보면 상황이 약간 달라진다. 석유를 고려하면 특히나 그렇다. 2차 채수와 3차 채수의 가능성이 아주 많기 때문에 중동이 이 자원 목록에서도 독보적인 지위를 차지하고 있지만 캐나다의 유사油砂 및 역청사암에도 새로운 주요 광상이 있다. 석유 자원의 또 다른 주요 광상으로 북극 지방도 있다. 어느 나라 영토냐와 무관하게 말이다.

재생 가능 에너지 역시 지구상에 불균등하게 분포한다. 태양에너지가 가장 많이 방사되는 지역은 적도이고, 극지방에 가까워질수록 그 값은 감소한다. 예컨대, 중부 유럽의 연간 태양에너지 방사량은 적도 지방의 절반에 불과하다. 복사에너지의 조성도 다르다. 거울로 한 점에 모을 수 있는 것은 태양에서 똑바로 조사된 직사광선뿐이다. 태양열 발전소■에서는 이 기술로 수백 도의 온도를 달성한다. 반면 산란광은 물체의 밝은 표면이나 구름 따위에 반사되어 각도가 제각각이다. 산란광밖에 활용할 수 없다면 그 온도는 섭씨 90도를 넘지 못한다. 적도와 캘리포니아에서는 태양에너지의 80퍼센트가 직사광선이지만 독일에서는 그 양이 45퍼센트에 불과하다.

전 세계의 풍력에너지 분포는 태양에너지 분포와 양상이 다르다. 중요한 풍력에너지 지대는 두 곳이다. 무역풍 지대가 첫 번째이고, 두 번째는 편서풍대이다. 중부 유럽은 편서풍대에 속한다. 세계적 차원에서 보더라도 풍력에너지를 개발할 잠재력이 우수하리라는 걸 짐작할 수 있다.

핵연료인 우라늄은 화석연료와 비교할 때 소량만으로도 전 세계의 원자력 발전소를 가동할 수 있다는 보기 드문 특징을 갖는다. 2005년의 우라늄 생산량은 42,000톤에 불과했다. 전 세계의 우라늄 자원은 약 300만 톤이고, 그 대부분이 11개 나라에 묻혀 있다. 호주가 1위이고, 순서대로 카자흐스탄, 미국, 캐나다, 남아프리카공화국이 그 뒤를 잇는다. 브라질, 우즈베키스탄, 러시아, 니제르, 우크라이나, 중국에서도 어느 정도 발견되며, 일부 다른 국가에도 더 적기는 하지만 매장량이 있다. 우라늄 채굴 비용이 비싸지는 걸 감수할 용의가 있다면 이용 가능한 부존자원의 양도 크게 늘어난다.

다음에서는 앞서 설명한 에너지 자원의 지리적 위치와 이용 가능성의 문제를 살펴본다. 먼저 기술적 측면을 다루어보도록 하자.

기술적 문제

무연탄은 노천 채굴이나 지하 채굴로 캐낸다. 캐낸 석탄은 필요할 경우 부유 선광浮游選鑛, flotation process 절차나 단순한 침전조에서 황을 포함한 가연성 광석과 분리된다. 물이 많이 필요한 것은 이 때문이다. 석탄은 철도, 바지선, 필요할 경우 원양 항해선으로 소비자들에게 운반된다. 무연탄은 저장이 아주 용이하다.

무연탄에 비해 갈탄은 품질이 좋지 않다. 거래를 논한 부분에서 이미 설명한 대로다. 갈탄은 경제적인 이유로 노천 광산 근처에서 발전 용도로 사용된다. 운반에는 철도나 직송 컨베이어벨트가 이용된다.

세계 무역에서 석탄을 대량으로 소비자들에게 직접 적송하는 일은 거의 없다. 칸스크와 아친스크를 중심으로 한 시베리아 중부의 대규모 석탄 지대를 예로 들어보자. 러시아 서부에는 석탄이 필요하다. 그러나 석탄은 상대적으로 발열량이 적고, 이용 가능한 유일한 운송 수단인 철도 역시 이미 수용 능력 초과 상태이다. 다른 나라들도 상황은 비슷하다. 예컨대, 인도네시아에서는 자바 섬이 주요 인구 밀집지이다. 그런데 석탄 광상은 수마트라와 기타 섬들에 분포한다. 중국의 석탄 역시 탄광 지대에서 주요 소비지까지 운반하려면 거의 2,000킬로미터를 이동해야 한다. 석탄은 중국 철도가 운송하는 단일 최대 품목이다. 석탄을 소비자들에게 운반하는 것이 더 싼지, 아니면 광산 근처의 발전소에서 전기로 바꾸고, 고압 전력선을 활용해 송전하는 게 더 싼지의 문제에 관한 각종 조사 연구 결과는 석탄을 원자재 형태로 운반하는 게 채산성이 더 나음을 알려줬다. 그러나 이런 상황은 미래에 바뀔 수도 있다. 전력선에서 전송 손실이 적은 고압 직류 전송 방식은 값이 더 싸기 때문이다.

다 알듯이, 석유는 파이프라인이나 유조선으로 운반된다. 석유 정제 공장은 모든 대륙과 모든 선진국과 각종 신흥 시장 국가들에 다 있다. 그럼에도 정유 부문 투자액은 나라에 따라 크게 차이가 난다. 예컨대, 미국에서 특정 석유 제품이 간헐적으로 부족해지는 사태는 정유 시설이 부족하기 때문이다. 그럴 때면 세계 시장의 다른 정제소에서 해당 제품을 구매한다. 이런 식으로 원유뿐만 아니라 각종 석유 제품이 전 세계적으로 운반 거래된다.

천연가스는 채굴지에서 소비 중심지까지 대부분 파이프라인으로 운반된다. 물론 특수 탱크에 저온으로 액화되어 운송되는 경우도 있다. 소비 국가들이 전부 다 파이프라인으로 연결되는 것은 아니기 때문이다. 일본이 대표적인 사례이다. 전 세계 천연가스 적송량의 약 30퍼센트가 국제 무대에서 장거리 운송된다. 나머지는 "지역에서" 소비된다. 예컨대, 노르웨이와 네덜란드의 광상에서 채굴되는 천연가스는 중부 유럽에서 소비된다. 천연가스 국제 거래량의 약 4분의 3은 파이프라인으로 소비 국가들에 전달되고, 나머지 4분의 1은 특수 운반선을 활용해 액화 천연가스LNG 형태로 운반된다. LNG의 비율이 점점 더 늘어날 전망이다. 일례로 러시아가 2011년에 미국에 천연가스를 적송하겠다는 계획을 발표했다.

핵연료인 우라늄은 생산자로부터 농축 시설과 연료봉 공장에 이르는 통상의 운반 경로를 따라 적송된다. 우라늄은 강도가 낮은 방사체이다. 따라서 방사능을 차단한답시고 값비싼 차폐물을 쓰거나 운송 안전 조치를 취할 필요가 전혀 없다. 우라늄 원광 적송을, 폐연료를 카스토르 용기Castor container에 담아 임시 저장 시설에서 재처리 공장으로 운반하는 작업과 혼동해서는 안 된다. 여기에는 핵분열의 결과인 고도 방사능 물질이 들어 있다.

선진국들에서는 재생 가능 에너지의 기술적 활용이 촉진되고 있다. 선진국들은 다양한 태양광 발전 설비와 풍력 발전 시스템을 개발해, 일련의 제품을 생산해 왔다. 현 시점에서 최첨단 제품은 해안에서 30킬로미터 떨어진 바다에 설치돼 운영 중인 대형 풍력 발전기이다. 난바다의 경우 육지보다 바람이 두 배 더 많이 불고, 이 바람을 활용하려는 것이다. 중국이나 인도 같은 신흥 시장 국가들도 선진국들의 행보를 좇으려고 애쓰고 있다. 선진국들의 기업이 신흥 시장 국가들과 공동 사업을 벌이고 있다는 사실이 이를 증명한다. 예컨대, 독일 기업들은 브라질과 인도에서 풍력 발전 시스템을 생산하고 있다. 발전도상국들은 아직 이런 기술을 활용하지 못하고 있다.

경제적 문제

에너지원을 기술적으로 활용하는 사안은 비교적 간단하다. 적어도 매장 에너지의 경우 필요한 기술은 거의 다 개발되었고, 사용 중이다. 그러나 경제적 측면을 고려하게 되면 상황이 달라진다. 앞에서 설명했듯이 에너지도 다른 모든 것처럼 상품이다. 몇몇 예외적인 상황을 제외한다면 심지어 정치적인 이유에도 불구하고, 에너지가 세계 시장 가격 이하로는 다른 나라들에 적송되지 않는다는 얘기이다. 에너지 자원도 다른 모든 중요한 제품처럼 경화硬貨로 판매된다. 발전도상국들이 에너지를 경제적으로 획득하는 데서도 어려움을 겪는 이유이다. 먼저 외화를 충분히 벌어야만 하니 당연한 일이다. 외화가 충분하지 않은 발전도상국은 에너지 자원을 전혀 입수할 수 없다. 국제 석유 거래는 주로 달러에 기초해 이루어진다. 그래서 지역 통화와 달러 간의 환율도 가격 결정에 영향을 미친다. 세계 시장의 에너지원 가격은 공급과 수요의 관계로 획정된다. 수요를 결정하는 건 선진국들과 새로이 번영하는 소수의 신흥 시장 국가들이다. 수요가 늘어나면 에너지 가격도 인상된다. 외화가 별로 없는 발전도상국들에게 이는 불리한 일이다. 이렇듯 경제적으로 에너지를 활용하는 문제는 모든 나라가 똑같이 공평하게 접근할 수 있는 사안이 아니다. 이런 현상이 앞으로 더욱더 심화할 것이다. 현재의 값싼 지하자원에서 더 비싼 에너지원으로 옮아가면서 에너지 가격이 상승할 것이기 때문이다. 천연가스와 전기 같은 배급망 에너지의 경우 장애물이 또 있다. 배급망 구축은 먼저 대규모 투자가 이루어져야만 하는 자본 집약적인 사업이다. 그러나 발전도상국들은 이에 필요한 기술을 충분히 활용할 수 없기 때문에 외국의 도움을 받아야 하고, 여기에는 다시 한 번 경화 지불이 요구된다. 독일의 전기에너지 공급망은 갓 구축되었을 때 생산된 전기 1킬로와트당 2,000유로 이상의 투자 비용이 들어갔다. 중부 유럽의 선진국들에서 전기 공급을 확실하게 하려면 모든 시민이 발전소에서 생산되는 이 1킬로와트를 사용해야만 한다. 예컨대, 세계은행 통계에서 최빈국들의 1인당 국민생산이 약 2,800유로임을 고려하면 이런 투자의 중요성이 더욱 명백해진다. 이런 투자는 여러 해에 걸쳐서만, 심지어 수십 년 동안 이루어질 수 있다. 과거를 돌이켜보면 중부 유럽의 전기 공급 체계도 최소 20년에 걸쳐 구축되었다. 발전도상국들의 경우는 국민총생산

금액이 경화로 벌리지 않는다는 사실도 고려해야만 한다. 에너지 공급망 개발은 어느 정도까지만 지역 통화로 결제가 가능하다. 나머지는 세계 시장에서 외화로 구매해야만 한다.

과거에 선진국들은 온갖 화석 및 핵에너지 자원을 경제적으로 언제나 활용할 수 있었다. 그러나 대규모 에너지 공급망 투자의 재원을 마련하는 게 항상 쉬운 것만은 아니었음을 망각해서는 안 된다. 이런 현실은 한편으로 에너지 공급 기업들의 합병 추세를 낳았다. 재정적으로 보다 유력해지기 위한 조치인 셈이다. 다른 한편으로, 바다의 풍력 발전 기지처럼 기술적 · 경제적으로 위험성이 더 큰 신진 개발 사업들은 투자에 필요한 대부금을 확보하는 데서 곤란을 겪는다. 무엇보다도 상승하는 에너지 가격이 국민 경제에 짐이 된다. 그러나 현재까지 거의 30년 동안 독일의 국가 경제는 석유 수출 국가들의 이런저런 주문 증가를 바탕으로 유가 상승분의 추가 비용을 상쇄할 수 있었다. 독일의 국가 경제는 여기서 돈을 잃었다기보다 다른 국가 경제들로부터 이익을 얻었다.

재생 가능 에너지의 경제적 활용도는 발전도상국과 선진국 모두에서 에너지원의 유형에 따라 매우 다양하게 나타난다. 물을 데울 수 있는 간단한 태양열 집열기■는 태양에너지가 충분히 제공되는 나라라면 현지의 경제적 조건에서도 충분히 생산 운영할 수 있다. 이런 잠재력이 아직 충분히 개발되지 않았다면 일반으로 정치적 리더십이 부재하기 때문일 것이다. 그러나 보다 큰 노력을 요하는 기술, 예컨대 발전 기술 같은 것은 상당한 투자가 뒤따라야 한다. 시스템을 대규모로 가동한다고 해도 독일에서조차 태양광 발전은 아직도 킬로와트시당 35~40센트가 들어간다. 이 비용은 개인이 자기 집 전기 콘센트에서 킬로와트시당 지불하는 가격의 두 배이다. 더구나 대다수의 발전도상국은 광발전 설비를 생산할 수 있는 기술 능력이 없다. 물론 인도와 같은 신흥 시장 국가들은 생산 기술을 보유하고 있다. 이런 기술은 지역 통화로 지불될 수 있을 때에만 기회와 가능성을 갖는다. 그러나 그때조차 발전기에 부착된 간단한 형태의 디젤이나 가솔린 엔진과 비교해 보면 많은 경우 채산성이 맞지 않는다. 태양광 발전 설비가 기존의 광범위한 전기 공급 시스템과 경쟁해야 하는 선진국들에서도 가야 할 길은 여전히 멀다. 그럼에도 태양광 발전 기술은 상당한 소득을 안겨주는 태양광 발전 산업을 구축할 수 있을 만큼 꽤 커다란 틈새시장을 제공해 주고 있다. 주차 시간 자동 표시기, 통신 설비, 교통 제어 시스템, 기타 등등의 것들에 전기를 안정적으로 제공할 수 있는 것이다. 많은 국가가 환경상의 이유로 재생 에너지 산업을 장려하고 있다. 다수의 선진국에서 재생 가능 에너지를 경제적으로 활용할 수 있게 된 건 소비자들에게 더 많은 비용을 치르도록 강제한 입법 조치 때문이다.

지난 10년 동안 전 세계적으로 가장 확대된 재생 가능 에너지 분야는 풍력이다. 풍력에너지는 태양광 발전보다 더 싸게 전기를 생산한다. 인도와 같은 신흥 시장 국가들에서는 심지어 풍력이 채산성까지 있다. 인도의 경우 발전소와 배전망의 중앙 전기 공급 시스템이 아직 충분히 완성되지 못했기 때문이다. 많은 기업이 디젤 발전 설비로 전기를 자체 생산하는 실정이다. 이런 현실과 비교할 때 풍력 에너지 사용은 값이 싸게 먹힌다. 바람이 잠잠한 시기에 디젤 발전 설비를 보조 수단으로 활용하면 기업의 에너지 공급도 더욱 안정적으로 유지할 수 있다. 그러나 대다수의 발전도상국은, 예외도 있지만 풍력에너지를 개발하기가 경제적으로 아주 어렵다. 자체 기술이 없고, 생산 능력도 없기 때문이다. 이들 국가는 그런 시스템의 많은 부분을 수입에 의존한다. 여기에 들어가는 외화 비용 또한 엄청나다.

원자력 발전소를 활용하려면, 비슷한 용량의 석탄 화력 발전소를 짓는 데 필요한 것보다 두 배 또는 세 배 더 많은 건설 비용이 들어간다. 반면에 연료비는 매우 저렴하다. 원자력 발전이 다른 에너지원과 경쟁할 수 있는 이유이다. 그러나 자본 비용이 많기 때문에 원자력 발전을 경제적으로 실행할 수 있는 나라는 몇 개 안 된다.

지리적 문제

에너지 자원은 기후 조건이 열악해 인구가 희박한 지역에 흔히 존재한다. 예컨대, 많은 천연가스가 시베리아의 영구 동토대에서 채굴된다. 러시아에서 중부 유럽까지 연결되어 서방 세계에 이 가스를 공급해 주는 장거리 파이프라인은 커다란 강을 여러 개 횡단한다. 봄철에는 눈이 녹아 이 강들이 불어나기 때문에 특별한 기술적 조치가 필요하다. 바다의 석유 및 천연가스 광상을 채굴하기 위해서도 새로운 기술을 개발해야 했다. 예컨대, 1973년에 북해의 에코피스크 유전은 70미터 깊이로 개발되었다. 굴착 장비가 설치된 플랫폼의 전체 높이는 130미터였다. 이후로 슈타트피요르드 유전은 145미터 깊이까지 굴착해야 했다. 이때 플랫폼의 높이는 270미터에 이르렀다. 1995년 노르웨이 앞바다의 트롤 유전을 시추하는 일은 훨씬 더 엄청난 도전 과제였다. 수심이 무려 300미터 이상이었던 것이다. 높이 470미터짜리 초대형 플랫폼이 스타방게르에서 조립되어, 베르겐에서 북서쪽으로 약 80킬로미터 떨어진 유럽 최대의 천연가스 광상인 트롤 유전으로 운반되었다. 플랫폼은 부력 탱크에 물을 채워 넣는 방식으로 해저까지 가라앉혀 설치했다. 비교를 위해 소개하자면, 독일 남부 울름에 있는 세계 최고最高 성당의 첨탑은 높이가 161미터이다. 트롤 유전 플랫폼에 투자된 비용은 1억 1000만 유로였다. 이 액수는 천연가스를 채굴하는 데 필요한 자본 투자액이 엄청나다는 걸 실증해 준다.

정치적 문제

석유 자원을 통제하고, 이를 정치적으로 활용하기 위한 전투가 오늘날 전 세계적으로 치열하게 벌어지고 있다. 중동에서 벌어진 전쟁들을 보면 다른 이유들도 많았겠지만 중요한 한 가지 이유는 이 지역의 탄화수소 자원 이용권을 지키는 데 있었다. 전 세계의 석탄과, 우라늄 광상의 대부분까지 선진국들의 수중에 있지만 석유 자원의 상당량은 압도적으로 무슬림 국가들이 장악하고 있다. 과거의 경험을 통해, 무슬림 국가들이 한편으로는 석유와 천연가스를 팔아 외화를 획득하려는 경제적 필요를 느끼면서도 다른 한편으로는 에너지 자원 판매를 거듭해서 정치적 수단으로 활용해 왔으며, 앞으로도 그럴 것임을 알 수 있다. 이런 이유로 국제에너지기구International Energy Agency ; IEA■ 소속 국가들은 1970년대에 발생한 두 차례의 석유 파동 이후 단기 갈취 행위에 속수무책으로 당하지 않기 위해 3개월 치 석유를 비축하기로 결정하고, 이를 시행하고 있다.

모든 나라는 나름의 정책을 바탕으로 각종 에너지원, 특히 탄화수소 자원 이용권을 확보 유지하는 활동을 벌인다. 미국과, 미국의 석유 기업들은 석유 생산 지역과 아주 긴밀하게 연결되어 있다. 그들은 채굴권을 확보하고, 수송 경로를 지키기 위해 과거에는 필요할 경우 군사적 수단에도 의존했다. 반면 유럽은 모든 주요 그룹을 상대로 가능한 한 균형 정책을 쓰려고 애썼고, 경제 법칙에 따라 충분한 에너지를 확보하려고 해왔다. 더 비싼 가격을 기꺼이 지불해 왔다는 얘기이다. 유럽연합의 이런 정책은 북해의 석유와 천연가스 유전이 제공해 주는 역내의 기본 공급량과 결합해 현재까지 효과적으로 기능해 왔다. 유럽은 새롭게 천연가스를 공급해 주는 국가들도 추가로 신속하게 확보했다. 러시아가 대표적인 공급국이다. 러시아는 현재까지 자국의 천연가스 인도를 경제적인 사안으로만 취급해 왔다. 서방에 공급하던 걸 정치적인 고려와 동기에서 중단한 예가 전혀 없다는 얘기이다. 그러나 러시아가 지금까지는 이렇게 계약에 충실했다 해도 앞으로는 전략적 환경이 바뀔 수도 있다. 서유럽뿐만 아니라 중국, 일본, 미국까지 러시아의 천연가스 납품에 큰 관심을 보이고 있는 것이다. 중국과 일본 두 나라에 천연가스를 공급해 줄 파이프라인을 건설하자는 논의와 협상이 현재 구체적으로 진행 중이다. 두 나라 모두 서로를 배제하고, 러시아 가스를 더 많이 차지하고자 애쓰고 있다. 투자 자금을 보조하겠다고 약속하면서 파이프라인 통제권을 얻으려 하는 것이다. 러시아와 미국의 대통령은 LNG선을 활용해 러시아의 에너지 자원을 미국에 중기적으로 공급하는 것에도 합의했다. 전 세계의 전략 동맹들이 러시아가 자국의 천연가스 인도분을 분산해, 세계 시장의 요구를 충족해 주는 새로운 동기가 만들어질 수도 있다. 러시아 경제가 자체적으로도 석유와 천연가스를 몹시 필요로 하기 때문에 수출이 무한정 확대되지는 않을 것이다. 결국 서유럽은 장래에 훨씬 더 많은 수의 상대들과 러시아의 천연가스를 나눠 써야 할 것이다. 중국 및 인도 같은 신흥 시장 국가들도 미래에 대비하고 있다. 이들 나라의 국영 석유 기업들은 차지할 몫이 남아 있는 곳이라면 유전까지도 매수하고 있다. 두 나라는 2005년에 협약까지 맺었다. 시장 밖에서 서로가 입찰에 응해 가격을 상승시키지 않고, 두 나라의 안정적 에너지 공급을 위해 공동으로 노력한다는 내용이었다.

핵연료 사용은 석유 이용과 아주 다르다. 핵 기술은 안전 의식이 높아야 하고, 기술상의 안전 기준도 매우 높은 만만찮은 기술이다. 다수 국가는 원자력 발전소를 건설하고 운영하면서 이 기술을 책임감 있게 다룰 준비가 되어 있지 않다. 인도와 중국은 정치적 이유로 자체 원자력 발전소를 개발 건설하고 있다. 에너지를 안정적으로 공급하는 사안이 사활적인 것이다. 대도시 지역의 전기 가뭄을 더 효과적으로 해갈하겠다는 동기가 두 나라의 핵 개발 프로그램을 낳았다.

핵에너지 정책은 국제 정치 문제이다. 한편으로는 핵에너지를 평화적으로 이용하는 것과 군사 목적에 활용하는 것 사이에 명확한 구분이 존재한다. 그러나 국제 사회는 다른 한편으로 모든 국가의 원자력 발전소가 안전하게 운영되는 것에도 이해관계를 갖는다. 미국이나 프랑스 같은 나라들이 신흥 시장 국가들의 원자로 개발에 자국의 핵 기술을 전수하려고 애쓰는 이유가 이 때문일지도 모른다.

에너지 안보는 에너지 정책이기도 하다. 이 정책은 경제 정책과 외교 정책을 포괄한다. 우리는 에너지 정책이 장래에 군사 정책이 되지 않기를 바란다. 우리가 다음과 같은 사실을 인정해야만 할 거라는 게 현실적인 인식이다. 오늘날과 장래에 전 세계 여러 국가에서 석유는 점점 더 중요한 에너지원이 될 것이고, 그에 따라 사용이 어려워지며 정치적으로도 위험성을 내포하게 되리라는 것을 말이다.

아마도 러시아를 제외하면 지구상의 그 어떤 나라도 자국에서 발생하는 각종 에너지원에 대한 소비 수요를 충족해 주지 못할 것이다. 다른 모든 국가가 에너지 광상의 국제적 활용에 의존하는 이유이다. 유럽연합은 역내에 석유 및 천연가스 광상이 있음에도 불구하고 에너지 의존도가 지속적으로 증가하고 있다. 현재 유럽연합은 수요량의 약 절반을 역외 에너지에 의존한다. 영국이 에너지 순純수출국에서 순수입국으로 지위가 바뀌었다는 사실을 통해 북해의 에너지 자원이 고갈되고 있음을 알 수 있다.

결국 선진국들에게는 에너지원을 정치적으로 활용하는 사안이 결정적 문제로 떠오를 것이다. 기술적 · 경제적 문제들은 다 해결할 수 있기 때문이다. 에너지 가격이 상승해 이들 국가의 경제에 부담이 된다고 해도 말이다.

우리는 향후에 국제 사회가 군사적 수단에 의존하지 않고 평화적 수단으로 에너지 이해관계를 통합 조정할 수 있게 되기를 바라야 한다. 에너지 사안은 전 세계의 정치 의제 중에서도 가장 긴급한 문제에 속한다. 예컨대, 2006년과 2007년 여름에 열린 G8 정상회담에서도 에너지 문제가 다루어졌다. 이용 가능한 자원을 확보 유지하고, 위험성을 줄이는 문제가 거기서 토론되었다. G8에는 에너지 공급국과 에너지 수입국이 다 들어가 있다. 이렇듯 회원국들의 이해관계가 서로 다르기 때문에 그 회의에서 장기적 해결책이 안출되리라고 기대할 수는 없었다. 그러나 이런 협의는 이제 막 시작되었을 뿐이다.

10 석유는 40년 안에 고갈된다

2006년 통계를 보면, 전 세계적으로 1초에 154,000리터, 곧 36,000갤런의 석유가 소비되고 있음을 알 수 있다. 이는 석유를 가득 적재한 대형 유조차 약 일곱 대 분량이다. 그렇다면 석유는 과연 언제쯤 고갈될까?

석유와 기타 에너지 자원이 언제 바닥날까 하는 질문은 그것들의 사용 연한만큼이나 오래된 물음이다. 오늘날까지 지난 40년 동안, 석유는 항상 40년 안에 고갈될 것이라는 게 예언의 내용이었다. 사태가 이런 식으로 굴러왔기 때문에 에너지 자원이 얼마나 버텨줄까를 걱정할 필요가 없다고 믿고 싶은 생각이 들기도 한다. 경험한 바에 따르면 우리가 지구상 어디에선가 또다시 충분한 자원을 찾아낼 것이기 때문이다. 그러나 이런 생각에는 결함이 있다. 우리는 모든 측면을 두루 살펴봐야 한다. 두 가지 개념을 구분하는 게 필요하다. 부존자원과 자원 개념이 바로 그것들이다.

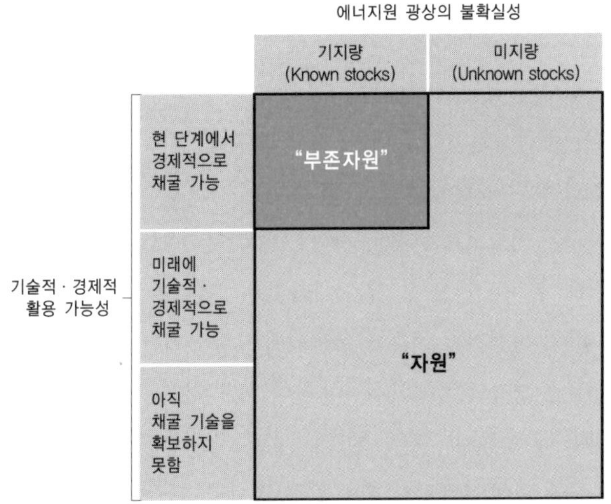

에너지원 광상의 불확실성

기지량
(Known stocks)

미지량
(Unknown stocks)

기술적 · 경제적
활용 가능성

현 단계에서
경제적으로
채굴 가능

"부존자원"

미래에
기술적 ·
경제적으로
채굴 가능

"자원"

아직
채굴 기술을
확보하지
못함

그림 11 이 맥켈비 도표는 저장된 에너지원 전체를 "부존자원"과 "자원"으로 다시 나눈다.

맥켈비McKelvey는 자신의 도표를 통해 에너지량을 요긴하게 분류하고 있다(그림 11). 이 도표에서는 특정 에너지 자원의 전체량이 "부존자원"reserves과 "자원"resources으로 나뉜다. 둘을 구분하는 기준 가운데 하나는 광상에 관한 정보이다. 해당 에너지 자원의 기술적 · 경제적 채굴 가능성이 어떻게 평가되었는지를 아는 것도 중요하다. 확실히 또는 상당히 높은 가능성으로 위치가 알려진 에너지 자원을 "부존자원"이라고 한다. 오늘날의 기술로 가격 기준을 만족시키며 채굴될 수 있어야 한다는 조건이 여기에 붙는다. 그렇다면 인류는 확실하게 이 에너지 자원을 활용할 수 있는 셈이다.

"자원"은 이 체계에서 정의되는 것처럼 "부존자원"과 다르다. "자원"은 우리가 알고 있는, 에너지를 함유하고 있는 물질이다. 자원은 우리가 상당한 확률로 세계의 특정 장소에 있고, 이용할 수 있다고 판단하는 에너지원이다. 그러나 이 에너지원은 오늘날의 가격으로는 채산성이 맞지 않을 정도로 채굴 비용이 너무 비싸거나 채굴 자체가 아직은 기술적으로 불가능하다. 예컨대, 2차 채수 및 3차 채수로 변환해 추가로 얻을 수 있는 에너지가 이런 "자원"에 속한다. 이런 "자원"에 아직까지 시추로 탐사되지는 않았지만 세계 각지에 존재할 것으로 짐작되는 에너지원이 들어간다는 것도 고려해야 한다.

몇 가지 예를 통해 "부존자원"과 "자원"의 구분을 명확히 해보자. 우리가 1930년에 존재한 석유량을 "부존자원"과 "자원"으로 나눈다면 북해의 석유는 "자원"이었을 것이다. 당시의 기술로는 아직 개발할 수 없었고, 당대의 가격 기준으로는 시장에서 팔 수도 없었으며, 시추해 본 사람이 아무도 없었으므로 북해에 석유가 있을 거라고 다만 짐작해 보는 수준에 머물렀기 때문이다. 캐나다의 유모혈암 광상은 오래전부터 사람들이 그 존재를 확실히 알고 있다. 기술적 채굴 가능성 역시도 오래전부터 알려져 있다. 그러나 오늘날까지도 유모혈암 광상을 채굴하는 비용은 세계 시장의 석유 가격보다 훨씬 더 비싸다. 캐나다의 이 광상은 맥켈비의 구분에 따르면 "부존자원"이 아니라 "자원"이다. 이런 현실이 이제 바뀌고 있다. 석유 가격이 배럴당 100달러 이상으로 치솟으면서 유모혈암이 시장에서 이윤을 내며 팔릴 수 있게 된 것이다. 캐나다의 유모혈암이 "자원"에서 "부존자원"으로 바뀐 정황이다.

천연가스 하이드레이트natural-gas hydrate는 사태를 가늠해 보는 데 도움이 되는 또 다른 예일 것이다. 천연가스 하이드레이트는 바다의 대륙붕과 대륙 사면에 있다. 우리는 천연가스 하이드레이트의 규모와 위치를 자세히는 모르지만 그 총량이 현재 파악하고 있는 천연가스 자원의 총량과 얼추 비슷할 것으로 추정하고 있다. 맥켈비의 체계에 따르면 천연가스 하이드레이트는 "자원"이다. 지금으로서는 채굴할 수 있는 기술이 전혀 없고, 따라서 비용 분석 자체가 불가능하기 때문이다. 이렇듯 일정한 가격에 이용할 수 있는 에너지량은 정해져 있는 것이 아니라 시간이 지나면서 바뀐다.

그럼에도 비교 통계치를 명백히 보여주는 것은 요긴하다. 당해 에너지 자원의 연간 소비량과 현재 부존자원 사이의 비율인 정적 범위static range도 유용한 통계이다. 이를 통해 부존자원 상황과 소비 속도가 바뀌지 않을 경우 당해 (부존)자원이 얼마나 존속할지를 알 수 있다. 석유의 경우 이 범위는 약 40년이다. 지난 40년 동안에도 계속 40년이었다.

현재의 부존자원 상황과 소비 속도에 기초해 정적 범위를 계산해 보면 거칠게나마 다음의 결과를 얻을 수 있다.

— 무연탄 약 180~240년

— 석유 약 40~50년

— 천연가스 약 50~60년

— 우라늄 약 70~90년

어떤 시장 가격을 채택할지와 어떤 기술을 이용할 수 있는지에 관한 판단은 임의이다. 발표된 부존자원 값은 물론이고 정적 범위가 조금씩 다 다른 것은 이 때문이다.

정적 범위는 문제의 시기가 지나면 해당 에너지원을 더 이상 이용할 수 없다고 선고하는 지표가 아니다. 정적 범위는 다양한 상황 요소들에 좌우된다. 다음을 보자.

— 세계 인구의 증가
— 세계 경제의 성장
— 에너지 활용 기술의 발전, 곧 에너지 효율 증대
— 특정 에너지원의 정치적 활용 가능성
— 에너지원들의 가격 동향
— 새로운 에너지원들을 기술적으로 활용할 수 있는 가능성, 예컨대 재생 가능 에너지의 증가나 바이오매스에서 액체 연료를 생산하는 것
— 에너지원들의 탐사 및 채굴 기술 진보

종합해 보면, 이런 요소들은 정적 범위가 끊임없는 변화 과정에 종속되어 있음을 알려준다.

그럼에도 이용 가능한 에너지원들의 양에는 분명 한계가 있다. 그

한계의 일단이 오늘날에 이미 드러나고 있다. 예컨대, 지질학자들은 오늘날 인류가 알고 있는 지식 수준과 수단을 전제할 때 전 세계의 석유 광상이 이제는 전부 다 탐사되었다는 데 의견을 같이한다. 요컨대 우리는 언제쯤 석유의 최대 채굴량이 달성되고, 이후로 하락할 것인지를 개념화할 수 있게 되었다. 이른바 "피크 오일 시점"peak-oil point이라는 것이다. 피크 오일 시점이 지나면 예상되는 미래 수요와 관련해 이용 가능한 석유의 양이 감소할 것이다. 현재의 부존자원 양을 참조하면 석유 채굴량이 최대를 기록하는 시점이 15~20년 후일 가능성이 매우 많다는 게 여러 연구들의 공통된 지적이다.

석유를 통해 이용 가능한 에너지원들의 전반적 상황을 가장 잘 기술할 수 있다. 석유는 전체 에너지 시스템에서 양적으로 대체가 가장 어려운 에너지원이다. 석유는 또한 정치적 활용 측면에서 위험성이 가장 큰 에너지원이기도 하다. 파리에 본부를 둔 국제에너지기구IEA가 석유에 관한 몇 가지 자료를 수집했다. 그림 12는 부존자원과 자원의 양은 물론이고, 오늘날의 기준을 적용했을 때 예상되는 채굴 비용으로 그것들을 분석한 내역까지 보여준다. 중동의 OPEC 부존자원은 배럴당 15달러 이하의 가격으로 퍼낼 수 있고, 채굴 비용이 가장 싸다. 다른 나라들의 이른바 기존 부존자원들은 배럴당 25달러 이하에 채굴할 수 있다. 우리가 배럴당 20달러 상한선을 넘어, 예컨대 원유 채굴 비용을 배럴당 50달러까지 상정하면 현재 "자원"으로 분류되었던 많은 석유 광상이 "부존자원"으로 재편성된다. 앞에서 언급한 혈암유頁巖油가 대표적인 사례일 것이다. 이런 비용 기준이

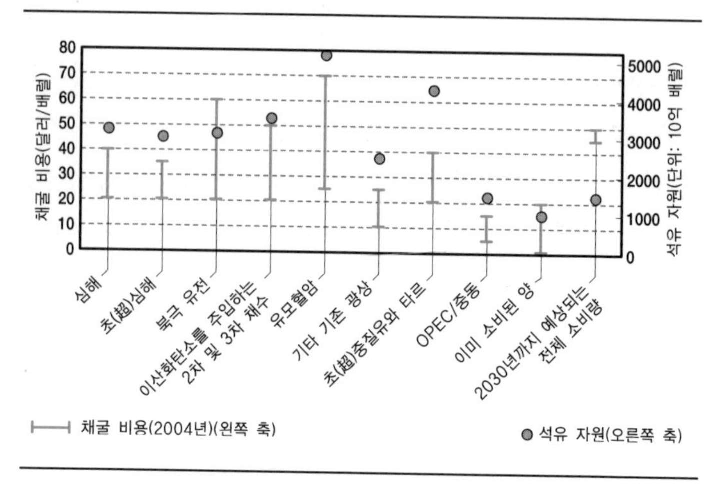

그림 12 광상과 채굴 비용(직선)으로 분석한 석유 부존자원과 자원(원)(자료 출처: OECD-IEA) 오늘날까지 전 세계가 소비한 석유의 양을 함께 제시해 비교해 볼 수 있도록 했다.

라면 현재의 광상에서 석유를 2차 및 3차 채수하는 것도 가능하다.

여기서 한 가지 중요한 차이를 지적해야겠다. 앞에서 언급한 배럴당 50달러의 채굴 비용을 시장 가격 50달러로 오해해서는 안 된다. 2007년에 시장 가격은 배럴당 평균 75달러였고, 채굴 비용은 배럴당 30달러 이하였다. 따라서 채굴 비용이 배럴당 50달러라면 석유 생산국과 거래상들에게 동일한 이윤율을 적용할 경우 원유 1배럴당 시장 가격이 100달러를 초과하게 된다. 이는 엄청난 가격이다.

그림 12에서 확인할 수 있듯이 계속해서 이용할 수 있는 원유의 양을 분석해 보는 일은 유익할 뿐만 아니라 어쩌면 놀라울 수도 있다. 2030년까지 예상되는 전 세계의 원유 소비량은 OPEC이 중동에

서 추산하는 싼 가격의 부존자원 양과 같다. 유모혈암 자원은 오늘날까지 소비된 양의 다섯 배이고, 2차 채수와 3차 채수는 이미 퍼 올린 양의 세 배를 추가로 제공해 준다.

이 값들을 비교할 때 석유 소비량이 기하급수적으로 늘어나고 있음을 반드시 고려해야 한다. 석유 소비량은 2007년에 300억 배럴을 넘어섰다. 석유 제품이 상업적으로 생산되기 시작한 이래 소비된 것과 동일한 양을 소비하는 데, 연간 총 석유 소비가 이 속도라고 가정할 때, 앞으로 34년밖에 안 걸린다. 그러나 우리는 예컨대, 아시아의 신흥 시장 국가들에서 석유 소비량이 늘어나는 현실도 고려해야만 한다. 결국 석유를 차지하기 위한 치열한 경쟁이 벌어질 것이다. 수요는 연간 300억 배럴 이상으로 증가하게 돼 있다. 결국 34년이 채 안 돼서 그 목표를 달성할 것이라는 얘기다.

어쨌든 이런 사항들을 두루 참작하면, 정적 범위의 개념이나 "피크 오일 이론"을 동원하는 사람들이 흔히 얘기하는 것보다 이용할 수 있는 화석에너지원들(우라늄도)이 더 많다는 걸 알 수 있다. 그러나 채굴 비용이 두 배로 뛰고 있다. 탄화수소 석유와 천연가스 자원이 평균 이상의 수요 속에 소비되고 있지만, 이용 가능한 총량, 환경에 미치는 영향 및 사용 특성을 고려할 때 계속해서 몇백 년간 사용되지는 못할 것이다. 이들 자원은 유한하다. 새로운 에너지원, 예컨대 재생 가능 에너지나 핵융합 에너지까지 추가로 개발해 시장에 도입하는 노력이 결국에는 긴요해질 것이다. 바이오매스에서 액체 연료를 생산하는 활동도 허용 가능한 범위에서 상황을 개선할 수 있다. 수소 경제 도입 역시 또 다른 해결책이 될 수 있다. 원자력을 활용하거나, 아마도 긴 안목으로 보면 태양광 발전 전기를 사용할 텐데 물 분자를 분해해 수소 연료를 생산할 수 있다.■ 그러나 현재의 에너지 가격에 비추어본 단기 전망 속에서는 이 모든 선택지들에 상업적으로 실행이 불가능하다는 장애물이 놓여 있다.

자원 문제란 단기가 아니라 장기에 걸친 에너지 공급 사안이다. 여기서 "단기"는 20~30년을 의미하고, "장기"는 두 세대를 넘어가는 시간 간격, 곧 70년 이상을 가리킨다.

제5부

에너지 사용과 환경

11 에너지를 변환하면 공기가 오염된다

모든 에너지원은 그 "삶의 여정"에서 환경 파괴를 동반한다. 채굴, 운송, 발전소나 정유소 같은 변환 시설 경유, 소비자에게 2차 에너지원으로서 다시 운송되는 과정, "최종 수요자"의 사용 활동 모두에서 그렇다. 그런데 여기서 "환경 파괴"란 어떤 의미일까? 에너지원을 채굴해, 그걸 2차 에너지로 변환한 다음, 소비자가 사용하는 과정에서 환경은 어떤 영향을 받을까? 우리는 이런 환경 피해를 최소로 줄이기 위해 무얼 할 수 있을까?

오염과 환경 파괴의 유형

흔히 환경 파괴는, 물리적 · 화학적 · 기계적 작용으로 자연환경에 가해지는 부정적 영향 내지 변화로 정의된다. 환경에 유입되는 오염 물질들, 곧 먼지, 미생물, 화학 물질, 방사능 등이 토양, 물, 공기 같은 환경 매개물의 자연스러운 재생 능력에 지나친 부담으로 작용할 때 환경 파괴로 이어진다.

오염 물질들은 환경 파괴의 중요한 원인이다. 이 물질들은 환경 속에 존재하는데, 위험할 정도로 농축되면 생명과 재산에 해롭다. 양과 효과의 측면에서 특히 에너지를 사용해 비롯하는 대표적인 오염은 공기 중으로 해로운 물질들이 방출되는 사례이다.

발전소나 가열 시스템처럼 에너지 변환 체계를 딱 하나만 살펴보는 방식으로는 사태를 정확하게 진단할 수 없다. 정책 입안자들은 그렇게 개별 기술들이 환경에 미치는 영향을 비교하는 일이 잦지만 우리는 채굴 과정과 연료 운송도 환경을 파괴한다는 점을 인식하고, 그 사실을 고려해야만 한다. 표 4는 항목별 분류표로 이 과정들을 개관하고 있다.

수력 전기와 풍력에너지는 재생 가능 에너지 분야에서 선도적인 지위를 차지하고 있다. 이들 에너지는 화석에너지가 끼치는 것과 같은 영향을 환경에 주지 않는다. 풍력 터빈 때문에 경관이 바뀌고, 수력 발전 시설이 건설되면서 침수된 지역에서 동식물상이 바뀌기는 하지만 말이다. 그러나 재생 가능 에너지는 활용성을 신뢰할 수 없기 때문에 화석연료에 기초한 이른바 보완 시스템으로 지원해 줘야만 한다. 결국 재생 가능 에너지 역시 간접적인 방식으로 환경에 영향을 미치는 셈이다.

특정한 변환 시스템,■ 예컨대 태양열 집열기는 단위 에너지 생산량당 에너지 흡수 물질이 매우 많이 필요하다. 이 물질을 추출하고

에너지원	기술 절차	환경이 받는 직접 및 간접 영향	환경에 미치는 간접적 영향
무연탄	• 1,600미터 깊이까지 구덩이를 팜 • 갱도를 환기하는 과정에서 메탄 누출 • 비축을 해야 할 필요성 • 세척 및 황 제거에 많은 물이 필요 • 운송 경로가 긴 경우가 대부분	• (채굴 과정에서) 메탄 누출 • 지표면의 부분 침하(발파 피해) • 광재(鑛滓)를 쌓아두는 과정에서 공간이 필요하고, 먼지 오염이 발생 • 석탄 처리 과정에서 폐수 발생(부유 선광 절차에 무연탄 1톤 당 물 약 4.5톤)	
갈탄	• 500미터 깊이까지 노천 채굴 • 지하수면을 낮춤 • 짧은 운송 경로(대개는 컨베이어벨트, 일부는 철도 운송)	• 지하수면 하락 • 대규모 공간 차지	• 재정착 과정이 요구됨 • 지하수면을 낮추는 데 필요한 에너지
천연가스	• 장거리 운송(예컨대, 러시아 4,000킬로미터) • 채굴 후 중금속 침전 • 해상 및 육상 채굴 • 압축기 사용에 많은 에너지가 필요함(대충 80킬로미터 당 한 개씩 설치) • 파이프라인으로 운반	• 메탄 누출	• 파이프라인과 압축기를 이용해 운반하기 때문에 들어가는 에너지
석유	• 해상 채굴 • 파이프라인이나 유조선으로 운송 • 채굴 현장의 가스 화염 • 장거리 운송	• (유정에서) 메탄 방출 • 유조선 사고	• 정유 시설에서 사용하는 에너지
원자력 발전	• 광상의 밀도가 낮아서 넓은 면적을 노천 채굴해야 함 • 장거리 운송 (캐나다, 호주, 러시아) • 농축 과정이 필요 • 연료 생산의 부산물로 플루토늄을 얻게 됨	• 우라늄과 토륨 채굴에 큰 공간이 소모됨 • 광재더미에서 방사능 유출(라돈) • 사고로 방사능 물질이 누출될 위험	• 농축 과정에 필요한 에너지
재생 가능 에너지	• 바람이 직접 전기를 생산함 • 태양이 직접 전기와 열을 생산함 • 주로 태워서 열을 생산하는 데 사용되는 나무 • 연료로 가공 처리되는 바이오매스	• 바이오매스의 대규모 산업적 재배로 인한 단작 농업, 그리고 이 과정에 요구되는 비료와 살충제 사용	• 기존의 발전소보다 필요한 재료와 차지하는 공간이 더 많음

표 4 에너지원 채굴에서 1차 변환 단계까지의 절차가 환경에 미치는 영향

가공하는 과정에서도 일반으로 환경이 파괴된다. 따라서 상이한 기술 체계들의 사실 관계를 비교할 때 이 점을 고려해야만 한다. 이런 조사 연구는 아주 상세하고 광범위한 전 과정 평가life cycle analysis ; LCA의 차원에서 이루어진다. 이 책에서 전 과정 평가를 더 자세히 검토하지는 않을 것이다.

우리가 받는 영향

공기 오염 물질은 매연과 함께 환경으로 배출된다. 오염 물질 배출은 단위시간당 배출량■으로 측정한다. 예컨대, 시간당 킬로그램이나 연간 톤으로. 배출량은 법으로 제한값이 정해져 있고, 규제된다.

오염 물질은 기후 조건에 따라 전파 과정을 통해 환경으로 퍼져나가는데, 이 과정에서 희석된다. 오염 물질은 공기 중의 수분이나 서로 간의 화학 반응을 통해 오존 같은 2차 오염 물질이 되기도 한다. 그리고 얼마 후에 땅이나 식물 위로 떨어진다. 오염 물질이 비에 씻겨 내려가면 지표수와 지하수로 흘러 들어가기도 한다.

굴뚝에서 나오는 오염 물질은 수백 킬로미터를 이동하기도 한다. (반면 지면 가까이서, 특히 도시에서 방출되는 물질들은 대개 이동하지 않는다.) 오염 물질이 장거리를 이동하므로 국가 단위의 대응 조치로는 충분치 않게 되었다. 독일은 자국에서 배출되는 오염 물질의 상당량을 주변 국가들에 "수출"하고 있다. 바람의 방향이 여기에 영향을 미친다. 그러나 이웃 국가들도 상당량의 오염 물질을 독일에 선사하고 있다. 한 나라가 단독으로 엄격한 대기 오염 방지책을 쓴다면 주변 국가들이 약간의 오염 경감 효과를 누리겠지만, 해당 국가는 여전히 이웃 국가들의 오염 물질을 "수입"하고 있을 것이다. 유럽 국가들이 국경을 넘어 발생하는 환경 피해를 줄이기 위해 여러 협정들을 맺고 있는 이유이다.

오염 물질이 사람과 동물과 재산에 영향을 미칠 때 우리는 해당 오염 물질의 "관입"貫入, immission을 논한다. 관입 농축은 공기 1세제곱미터당 밀리그램으로 측정하고, 그 값을 "흡수값"swallow value이라고 부른다. 공기 오염 물질이나 방사성 물질은 기도氣道나 음식물 또는 마시는 물을 통해 흡수된다. 여기서도 해당 입법을 통해 최대 제한값을 부과하고 있다.

공기 오염 물질과 그 영향

가장 중요한 공기 오염 물질들과 그것들이 미치는 영향 및 구제책을 표 5에 제시해 놓았다. 다음의 설명을 통해 복잡한 상관관계를 더 잘 파악할 수 있을 것이다.

이산화황SO_2

석탄과 석유에는 황이 들어 있다. 황은 연소시키면 가스 형태의 이산화황으로 산화된다. 의료 분야의 연구 내용에 따르면 이산화황은 건조한 공기 속에서 고농축 상태일 때만 피해를 야기한다. 기관지와 허파를 자극해, 통증을 유발하는 것이다. 그러나 햇빛이 나고, 대기 중에 습기가 있으면 이산화황은 아황산H_2SO_3과 황산H_2SO_4으로 추가 산화된다. 이것들이 미세 먼지 입자와 결합해 흡입되는 게 바로 스모그이다. 스모그는 아주 작은 고체 및 액체 입자들의 에어로졸이다. 황 때문에 "산성비"가 내린다. 산성비가 오면 물과 토양이 산성화되고, 건물 피해도 발생한다. 황 화합물은 식물에게 해롭고, 숲을 파괴한다.

질소산화물NO_x

질소산화물은 일산화질소NO와 이산화질소NO_2 둘 다를 가리키는 용어이다. 둘 다 연소 과정에서 발생하는 달갑지 않은 부산물이다. 질소산화물이 생성되는 메커니즘은 두 가지다.

— 석탄과 석유에 들어 있는 질소가 타면서 일산화질소가 생성된다.

— 양적으로 훨씬 더 중요한 것으로, 열에 의한 질소산화물 형성이 있다. 섭씨 1,200도 이상의 온도에서 이런 일이 일어난다. 대기 중의 산소가 두 개의 산소 원자로 분해된다. 이 산소 원자가 일련의 화학 반응을 거치면서 대기 중의 질소와 결합해 일산화질소가 만들어진다. 이 과정은 어떤 에너지원을 태우느냐와 무관하게 일어난다.

이렇게 생성된 일산화질소는 굴뚝이나 배기관을 빠져나온 후 비교적 빠르게 이산화질소로 변형된다. 질소산화물은 호흡 기관의 점

	이산화황	질소산화물	탄화수소	일산화탄소	먼지	방사능
발생 기원	황 성분 연료의	질소 성분 고온 연소	불완전 연소 직접 방출		비산회 (飛散灰)	자연 상태 그대로 존재 핵에너지 사용
변형	아황산 황산	아질산 질산 광산화물(오존)				
인체에 미치는 영향	호흡기 점막 심장 순환계		호흡기 암과 돌연변이를 일으킬 수도 있음	혈액의 산소 운반을 방해함	호흡기 암과 돌연변이를 일으킬 수도 있음	
생태계	산림 파괴					
재산	구조 피해					
대책	유동층 연소 연도 가스 탈황 단계	연소 장치 질소산화물 제거 시스템 삼원 촉매 변환 장치	고온 연소	산소의 추가 공급	필터(여과기)	필터 감손
	산성비는 먼지와 결합해 상승 효과를 발휘한다				응결핵의 산성화	방사능 노출 저감

표 5 에너지 사용 과정에서 발생하는 가장 대표적인 공기 오염 물질들과 그것들의 영향

막을 공격한다. 기관지염이나 폐렴 같은 감염증을 일으키는 것이다. 질소산화물은 이산화황의 영향을 확대한다.

또한 질소산화물이 대기 중의 습기와 반응하면, 아질산 HNO_2과 질산 HNO_3도 만들어진다. 둘 다 황산처럼 에어로졸 형태로 존재하고, "산성비"를 만든다. 한편 질소산화물은 오존 농도를 낮추는 중요한 선구 물질이기도 하다.

탄화수소 C_mH_n

탄화수소는 탄소와 수소로 이루어진 유기 화합물 C_mH_n을 통틀어 이르는 말이다. 중요한 1차 에너지원들인 석유와 천연가스는 물론이고, 거기서 생산된 휘발유, 연료유, 액화 가스 등의 온갖 2차 에너지원들까지 분자 구조가 사슬 모양인 저급 탄화수소로 이루어져 있다. 어느 정도까지는 탄화수소가 직접 대기 속으로 방출된다. 자동차의 연료 탱크에서 많이 나오고, 이 용기에서 저 용기로 연료를 옮길 때도 배출된다. 에너지와 관계는 없지만 페인트와 광택제 같은 용제들의 증발 과정에서도 탄화수소가 대량으로 방출된다.

그러나 공기를 오염시키는 주된 물질은 분자 구조가 더 큰 탄화수소들이다. 햇빛이 비치면 이것들도 일산화질소와 더불어 광화학 스모그 형성에 가담한다. 광화학 스모그는 특히 여름철 태양열 복사가 강할 때 발생한다.

일산화탄소CO

일산화탄소는 불완전 연소 과정에서 만들어진다. 자동차를 운행하거나 가정용 난로에서 석탄을 땔 때 산소가 부족해 일산화탄소가 생성되는 게 대표적인 예다. 일산화탄소는 피가 붉어 보이도록 하는 헤모글로빈과 아주 단단히 결합하면서(산소보다 200~300배 더 강력하게), 산소 대신 들어서기 때문에 독성을 갖는다. 일단 결합된 일산화탄소는 아주 느리게 해리되고, 핏속에서 산소가 운반되는 것을 방해한다.

일산화탄소는 오존 형성에도 가담한다. 그러나 일산화탄소 자체가 오존의 원인 물질은 아니다. 일산화탄소는 탄소 원자가 불완전 연소된 것이기 때문에 발열량이 충분하지 않은 "소용이 없는" 에너지이다. 경제적 차원에서도 일산화탄소 배출을 줄이는 게 유익한 이유이다.

먼지

산업 시설을 가동하면 먼지가 나온다. 예컨대, 시멘트 공장. 연소 과정에서도 먼지가 배출된다. 고체 연료를 태울 때 나오는 비산회飛散灰, fly ash가 대표적이다. 오늘날의 공업 시설과 발전소를 살펴보면, 먼지는 99퍼센트 이상 필터(여과기)로 포집된다. 그럼에도 극도로 미세한 먼지 입자들은 대부분의 여과기를 통과한다. 미세 먼지 입자는 지름이 수 마이크로미터고, 1마이크로미터(μm)는 100만분의 1 미터, 곧 0.001밀리미터로, 대충 박테리아 크기이다. 지름 10마이크로미터 미만의 이런 특별한 물질은 더 굵은 먼지와 달리 기도를 통해 허파로 들어갈 수 있다. 이것들이 독성 효과를 발휘하는 것은 거기 들어 있는 납이나 카드뮴 같은 중금속 때문이다. 이런 중금속은 암을 일으킬 수 있다. 탄화수소나 황 및 질소 화합물 같은 다른 오염 물질들이, 보이지 않는 이 미세한 먼지 입자들의 표면에 붙은 채 흡입되기도 한다. 먼지와 함께 폐 속으로 운반되는 것이다. 먼지는 일반적으로 폐렴 및 천식 같은 호흡기 질환의 발병 횟수를 늘린다.

방사능 물질

석탄에 들어 있는 방사능 물질인 우라늄과 토륨은 발전소 굴뚝을 통해 미세 먼지 입자의 형태로 어느 정도까지 환경 속에 분포한다. 라듐이나 방사성 납 같은, 이것들의 소산所産 금속은 먼지와 함께 흡입되어 혈관에 들어가기도 한다. 라듐과 방사성 납은 주로 뼈에 침전되고, 거기서 방사능이 나와 건강이 위험해지기도 한다. 다른 방사능 물질, 특히 요오드 131, 크립톤 85, 스트론튬 90, 트리튬(3중수소) 같은 동위원소들도 원자력 발전소에서 배출되고, 몸속에도 다양한 방식으로 분포한다.

방사능 물질은 암 발생의 위험을 증가시킨다. 이것은 특정 탄화수소들과 중금속도 마찬가지이다.

다음 장에서는 에너지 변환 과정에서 배출되는 유해한 가스를 최소화할 수 있는 방안들을 살펴본다.

12 배출 감소 성공 사례들

앞 장에서 우리는 공기 오염 물질 배출량을 최소화할 필요성에 관해 살펴봤다. 선진국들은 과거에 공기 오염 물질 배출에 별다른 주의를 기울이지 않은 채 자국의 에너지 생산량을 지속적으로 증대시켰다. 신흥 시장 국가들과 발전도상국들도 오늘날 그러고 있다. 그러나 그 결과를 더 이상 무시할 수 없게 되었고, 40년 전에 이미 먼지 배출을 줄이려는 노력이 이루어졌으며, 20년 전에는 다른 공기 오염 물질들을 줄이려는 조치가 취해졌다. 이 장에서 일부를 소개할 예정인 기술적 방법들이 이런 노력과 활동을 가능케 했다. 그중에는 연소 전과 중에 시행되는 이른바 "1차적 방법"과 연소 후 연도 가스에서 이루어지는 "2차적 방법"이 있다. 2차적 방법은 "종말 처리 기술"end-of-pipe technology이라고도 한다.

일반으로 1차적 방법은 2차적 방법보다 실행하기가 더 간단하고, 비용도 더 싸다. 그러나 1차적 방법만으로는 구체적 제한값을 달성하기에 충분하지 않은 경우가 많다. 그러므로 흔히 두 방법이 모두 시행되어야만 한다.

에너지 변환 과정에서 널리 사용되는 1차적 방법 한 가지는 단계적 연소이다. 단계적 연소는 가능하다면 고온으로 상승하는 것을 막기 위한 것이다. 온도가 높으면 흔히 그 열에 의해 질소산화물이 만들어지기 때문이다. 이 목표를 달성하기 위해 공간적으로 최소 두 군데에서 연소가 이루어진다. 먼저 주요 연소 공간에서는 아亞화학량적으로sub-stoichiometrically 연소가 일어난다. 산소가 부족한 상태에서 태운다는 얘기인데, "화학량보다 더 부족하게"leaner-than-stoichiometric라는 말을 흔히 사용한다. 바로 이웃한 두 번째 연소 공간에서는 공기가 주입된다. 이곳에서는 잉여 공기와 함께, 다시 말해 화학량을 초과해 연소가 이루어진다. "화학량보다 더 넉넉하게" richer-than-stoichiometric라는 보다 흔한 말이 있다. 가정용 난방 시스템 같은 소형 연소 설비에서는 이 두 군데의 연소 공간이 한 개의 버너 안에 바로 이웃해 있다.

발전소와 대규모 공장 들에서는 이른바 습식 세척 공법wet-scrubbing process으로 연도 가스에서 황을 제거한다. 연도 가스가 수세탑水洗塔 안의 석회질 세척 용액을 통과하는데, 거기 들어 있는 이산화황이 화학적으로 결합해 씻겨 나가는 것이다. 황이 들어간 세척 용액은 다음 단계에서 회반죽으로 바뀌어, 건설 산업에 쓰인다. 화학 산업 분야에서 쓸 수 있는 황 원소를 만들어내는 공정도 있다.

발전소와 기타 대형 소각 시설에 설치된 질소산화물 제거 시스템은 연도 가스에서 질소를 제거한다. 배기가스에 들어 있는 일산화질소와 이산화질소가 환원제 암모니아와 접촉한다. 화학 반응의 결과로 생성되는 것은 질소 원소와 물이다. 둘 다 자연스럽게 환경을 구성하는 물질이다.

내연 기관에서 사용하는 삼원 촉매 변환 장치는 환원제를 전혀 사용하지 않고, 따라서 발전소의 촉매 변환 장치와는 완전히 다르다. 삼원 촉매 변환 장치는 배기가스의 세 가지 구성 요소들 사이의 화학 반응을 촉진하는 방식으로 작동한다. 세 가지 오염 물질인 질소 산화물, 탄화수소, 일산화탄소가 한꺼번에 최소화되기 때문에 "삼원 촉매 변환 장치"라는 이름이 붙었다. 그러나 이런 일은 λ(람다)=1의 공기 비율에서만 달성된다. 이론상 연료의 완전 연소(산화)에 필요한 것과 정확히 동일한 양의 산소 분자를 이용할 수 있을 때, 이를 λ=1이라고 한다. 실제에서는 당연히 그 값이 정확하게 일치할 수 없다. 그래도 이른바 "람다 창"λ-window의 범위 내에서 근사하게 맞추어야만 한다. 이를 위해 촉매 변환 장치 유입 단계에 앞서 기화기의 연료 혼합과 연료 분사 시스템을 조절할 수 있다. 연도에 설치된 탐침이 여기에 활용된다. 디젤 차량은 오염 물질의 조성이 다르다. 여기서는 검댕 입자를 포집하고, 일산화탄소와 탄화수소를 산화시키는 게 문제의 핵심이다.

먼지 입자들은 다양한 여과(필터) 장치로 걸러낸다. 기술적으로 얘기하면, 여과기는 아주 간단하다. 예컨대, 목수의 작업장 지붕 위에서 볼 수 있는 사이클론 집진 장치를 떠올리면 된다. 여과기는 금속 재질의 원뿔형으로 생겼다. 이곳으로 배기가스가 접선 운동 양상을 보이며 들어갔다가 중앙에 설치된 관을 통해 다시 나온다. 먼지가 가득한 배기가스의 흐름은 회전 운동을 하고, 먼지 입자들은 원심력에 의해 밖으로 몰리면서 벽과 부딪쳐, 아래로 떨어진다. 설계가 아무리 간단해도 전체 먼지 입자의 절반가량을 분리해 낼 수 있다. 그러나 이런 입자들은 우리의 허파에 들어오는 미세 입자가 아니라 큼지막한 것들이다. 미세 입자들은 여과 조직tissue filter으로 걸러낸다. 자동차에서 신선한 공기를 공급하기 위해 사용하는 여과지가 간단한 형태이다. 대형 가열 시스템에서 나오는 매연을 여과하기 위해서는 정전靜電, electrostatic 필터를 사용한다. 이 장비는 집진율이 99.9퍼센트에 이른다. 정전 필터는 고압 직류로 작동하는 축전기처럼 설계된다. 먼지 입자들을 하전해, 침전시키는 방식을 쓰는 것이다.

선진국들의 공기 오염 감축 노력이 거둔 성공

선진국들은 지난 30년 동안 공기 오염을 줄이려는 노력을 활발하게 펼쳤고, 큰 성공을 거두었다. 로스앤젤레스 지역은 강렬한 태양 복사와 더불어 차량에서 배출된 광산화물■로 인해 여름철 스모그가 악명 높았다. 1970년대에 촉매 변환 장치를 탑재한 차량들이 미국 시장에 도입된 것은 이 때문이다. 일본이 삼원 촉매 변환 기술로 그 뒤를 따랐고, 1980년대 중반에는 유럽연합도 공기 오염 통제 활동에 본격적으로 착수했다. 유로-1 기준Euro-1 Standard으로 출발한 기술은 이후로 더욱 개량되었다. 현재 내연 기관은 유로-4 기준Euro-4 Standard을 만족해야 한다. 디젤 엔진에는 검댕 여과기도 설치되고 있다. 차량에 촉매 변환 기술이 적용되면서 엔진에서 발생하는 공기 오염 물질이 과거 배출량의 약 5퍼센트로 줄어들었다.

디젤이나 경질 연료유처럼 개인들이 사용하는 석유 제품은 유럽 전역의 제유소에서 탈황 공정을 거친다. 개인 가정의 소형 가열 시스템에 효과적으로 적용할 수 있는 탈황 기술이 마땅치 않기 때문이다. 난방 시스템, 특히 가스를 사용하는 콘덴싱 보일러는 이제 공기 오염 물질의 배출량이 너무 적어서 사실상 오염 여부를 무시해도 될 정도이다.

다음의 배출량 통계를 보면 이상의 조치들로 거둔 혁혁한 성과를 생생하게 느낄 수 있다. 독일의 에너지 관련 배출량을 예로 들어본다. 먼지를 제외하면 개별 공기 오염 물질 전체 배출량의 90퍼센트 이상이 에너지 관련 배출량이다.

— 일산화탄소CO:

1990년 1140만 톤에서 2006년 340만 톤으로 감축

— 질소산화물NO_x:

1990년 270만 톤에서 2006년 120만 톤으로 감축

— 이산화황SO_2:

1990년 520만 톤에서 2006년 40만 톤으로 감축

— 먼지:

1990년 230만 톤에서 2006년 7만 톤으로 감축

이 통계가 상당히 인상적이기는 하지만 환경을 파괴하지 않으면서 에너지를 변환하고 사용하는 일은 불가능하다. 환경적 차원에서 보면 가장 좋은 에너지 사용은 에너지를 사용하지 않는 것이다. 다른 쟁점들처럼 대기 오염을 줄이는 사안에서도 에너지 절약이 각종 조치 목록의 맨 위에 존재하는 이유이다.

신흥 시장 국가들의 동향

그러나 발전도상국과 신흥 시장 국가 들의 대도시 지역을 보면 공기가 사람들의 건강을 위협할 만큼 심각하게 오염되어 있다. 이들 국가에서도 새로 짓는 발전소들에 연도 가스 탈황 장비가 설비되고 있는 이유다. 앞으로는 질소산화물 제거 시설도 갖추게 될 것이다. 그러나 이들 국가가 필요하다고 해서 모든 기술을 다 활용할 수 있는 건 아니다. 그들은 합작 투자나 직접 나서서 습득하는 방식으로 원하는 기술을 획득하려고 애쓰고 있다. 새로운 에너지원으로 전환하려는 시도도 그들이 벌이는 노력 가운데 하나다. 선진국들이 1960년대에 그랬듯이. 예컨대, 중국에서는 천연가스가 대도시의 난방과 취사용으로 점점 더 많이 수입되고 있다. 석탄을 때면서 배출되던 먼지, 이산화황, 스모그 형성이 이로써 크게 줄어들었다.

내연 기관의 삼원 촉매 변환 기술과 디젤 엔진의 산화 촉매 변환

장치는 오늘날의 수준에서 최첨단 기술이고, 이는 중국이나 인도 같은 신흥 시장 국가들에도 공히 적용되는 사실이다. 다만 설치된 촉매 변환 장치들이 온전히 기능하고 있는지를 검사하는 작업이 부족하고, 불완전하다는 게 이런 신흥 시장 국가들의 문제이다.

공기 오염 방지에는 비용이 든다

깨끗한 공기는 공짜가 아니다. 예컨대, 석탄을 때는 발전소에 먼지 제거, 질소산화물 제거, 탈황 시설과 장비를 설치하면 투자 비용이 20퍼센트 상승한다. 이 오염 방지 시스템을 가동하려면 추가로 운영 비용이 들어가고, 에너지 또한 더 필요하다. 발전소의 효율성이 떨어진다. 결국 생산 비용이 증가해, 전기 가격이 15~20퍼센트쯤 인상된다. 얼핏 보면 이 값이 그리 대단해 보이지 않을 수도 있다. 그러나 집행된 투자 총액에 비추어보면 전반적인 규모와 중요성을 분명하게 알 수 있다. 1990년대에 서독의 제주諸州에서만 기존의 발전소들을 갱신하는 데 100억 유로 이상이 투자되었다. 먼지 제거 시설은 이미 설치된 상태였고, 법률이 정한 바 탈황 및 탈질소 기준을 만족시키기 위한 조치였다. 발전도상국이라면 이만큼의 액수를 먼저 국가 예산에서 활용할 수 있어야만 할 것이다. 자동차도 보자. 삼원 촉매 변환 장치로 배기가스를 감축하려면 차량 한 대당 400유로 이상의 비용이 들어간다. 선진국들에서 차량의 크기와 안락함이 증대하고, 더불어서 가격이 상승하는 통에 구매자들이 촉매 변환 기술의 비용을 분명하게 인식하지 못하는 경우가 잦지만 그래도 그들이 비용을 내고 있다는 사실에는 변함이 없다. 발전도상국들에서 운행되는 더 간소한 차량들의 경우를 생각해 보자. 구매자는 촉매 변환 기술을 채택하는 추가 비용을 고려하지 않을 수 없을 것이다.

환경 보호 조치들 속에서 일자리가 추가로 생기고, 새롭게 수출할 수 있는 기회가 열리며, 그래서 결국 경제적으로 매우 유익하다는 얘기들을 자주 한다. 이런 의론들은 의심의 여지가 없이 옳다. 그러나 이런 조치들이 얼마나 유익할지는 그 과정에서 얻는 이득의 전체 규모에 좌우된다. 예컨대, 지난 20년 동안 독일에서 전개된 상황을 살펴보면 그 풍경이 혼재되어 있다. 1980년대 중반과 1990년대 초반에 해외에서 발전소를 재장비해 달라는 수출 주문을 기대했지만 이는 현실화되지 않았다. 다른 유럽 국가들은 독자적으로 기술을 개발했고, 신흥 시장 국가들은 그런 것들을 수입할 돈이 없었다. 독일의 이 분야 산업은 국내에서 갱신 프로그램을 완료한 후 주문이 없어서 급격하게 후퇴했다. 1990년대 후반에야 비로소 신흥 시장 국가들이 합작 투자의 형태로 배출 감소 기술을 채택하기 시작했다. 그들은 이때도 외화를 아끼기 위해 최대한 많은 몫의 부가가치를 자국 경제 내에서 유지하려고 애썼다. 이게 다가 아니다. 당연히 그들은 여러 분야에서 가장 현대적이고 효과적인 기술을 습득하려고 했다. 그 결과 신흥 시장 국가들의 기술 수준이 급격히 향상됐고, 그래서 더 싼 방법으로도 엄청나게 배출량을 줄일 수 있었다. 기술 수준이 더 높긴 하지만 그만큼 거기에 드는 비용도 더 큰 유럽에 비해,

그들은 비용-편익 비율이 더 좋은 셈이다.

온실가스 통제

마지막으로 공기 오염 물질 감축과 온실가스 감축의 차이를 살펴보도록 하자. 공기 오염 물질은 인류와 자연에 직접적인 부담으로 작용한다. 고도로 농축되면 현저하게 두드러져 눈으로도 알아볼 수 있을 정도가 된다. 그러나 공기 오염 물질은 그것이 방출되는 특정 지역에만 영향을 미친다. 온갖 측정 결과는 공기 오염 물질이 발생 유래한 대륙을 벗어나지 않음을 알려줬다. 굴뚝이 아무리 높아도 이 사실에는 변함이 없다. 온실가스는 이와 다르다. 온실가스는 물리적 영향을 직접적인 방식으로는 전혀 미치지 않는다. 아무리 고도로 농축된다 할지라도 말이다. 그러나 온실가스는 아주 빠르게 지구 전체로 확산된다. 공기 오염 물질은 비록 상당한 비용이 들긴 해도 예컨대, 회반죽처럼 유용한 재료나, 자연에 존재하는 물질로 변환될 수 있다는 게 두 번째 차이점이다. 반면 온실가스는 대개의 경우 화석 에너지원을 덜 사용함으로써만 줄일 수 있다. 우리가 20년 정도의 비교적 짧은 시간 범위 내에 온실가스 배출량을 줄일 수 있을 것으로 전혀 기대할 수 없는 이유이다. 공기 오염 물질의 경우 그렇게 비교적 짧은 시간 만에 성과를 낼 수 있었다는 점을 상기하면 이는 매우 의미심장하다.

13 폐열과 온실가스

폐열

어쩔 수 없다. 에너지 변환 과정에는 손실이 뒤따른다. 폐열 발생이 불가피한 이유다. 사실 공간을 데우는 데 사용되는 모든 에너지는 계속해서 환경으로 퍼져나간다. 건물의 열 손실과 방의 환기 과정을 떠올려보라. 그렇게 밖으로 빠져나가는 열에 의해 "환경"과 대기가 데워진다. 예컨대, 겨울에 측정을 해보면 대도시의 기온이 인근 농촌 지역의 기온보다 최고 2도까지 더 높다는 걸 알 수 있다.

에너지 사용 행태가 보다 장기적으로 지구 기후에 미치는 영향은 또 다른 문제이다. 세계적으로 대도시 지역에서 인구가 증가하고, 그에 따라 에너지 필요량이 늘어나는 사태를 고려하면 특히 더 그렇다. 태양이 빛나면서 지구에 뿌려주는 에너지는 인류가 현재 소비하는 양의 약 13,000배이다. 그러나 주요 도시들의 대차대조표를 보면 상황이 완전히 달라진다. 이들 도시가 환경에 내뿜는 열에너지는 제곱킬로미터당 연간 평균으로 태양에서 받는 양과 동일하다. 이런 현실이 현지 기후에 어떤 영향을 미치는지를 우리는 아직 제대로 알지 못한다.

이산화탄소와 그 밖의 온실가스

연소 과정에서 발생하는 이산화탄소CO_2는 지구 대기와 세계 기후에 미치는 영향으로 인해 특별한 중요성을 갖는다. 대기 중의 수증기, 이산화질소, 메탄, 오존처럼 이산화탄소도 태양의 단파 광선은 지구로 투과시키지만 적외선 같은 장파장의 지구 열 복사는 차단해 버린다. "온실 효과"▪라는 것이다. 애초에는 지구 대기에 이런 물질들이 존재했기 때문에 생명이 번성할 수 있는 온도가 확보되었다. 수증기와 자연 농도의 이산화탄소가 이런 자연스러운 온실 효과에서 커다랗고도 중요한 몫을 차지한다.

바이오매스의 분해와 육상 및 바다 생명체의 물질 대사 과정에서 이산화탄소가 대량으로 방출된다. 그러나 다시금 식물상 바이오매스 구축에 이산화탄소가 대량으로 소모되면서 대체로 수지 균형이 맞게 된다. 이렇게 자연의 탄소 계정은 평형 상태를 유지한다. 그런데 화석에너지원을 태우고, 숲을 남벌하면서 이 평형 상태가 방해를 받고 있다. 석탄, 석유, 천연가스 연소로 2006년에 전 세계적으로 82억 톤의 탄소가 소모되었다. 이는 대기로 이산화탄소 300억 톤이 방출되었다는 얘기이다. 전 세계 이산화탄소 배출량은 1990년에 약 230억 톤이었다.

인간도 자연계에 존재하는 이산화탄소 배출원이다. 우리가 들이마시는 공기에는 이산화탄소가 약 0.038퍼센트 들어 있다. 그런데 내쉬는 공기는 4퍼센트 이상의 이산화탄소 농도를 갖는다.

사람 한 명이 하루 동안 내쉬는 이산화탄소의 총량은 700그램 이상이다. 지구상에는 66억 명이 살고 있으므로 인류가 연간 내뱉는 이산화탄소의 총량은 17억 톤인 셈이다. 전 세계의 인구수가 예상대로 2025년에 85억 명으로 늘어나면 인류는 매년 추가로 약 5억 톤의 이산화탄소를 더 배출하고 있을 것이다. 그러나 우리가 전 세계적으로 에너지를 사용하면서 배출하는 이산화탄소 증가분을 고려한다면 인구 증가의 직접 효과는 부차적이라는 게 명백해진다. 불과 지난 10년 새 68억 톤의 이산화탄소를 배출했던 것이다.

배출된 이산화탄소는 1년이 넘는 과정을 통해 대류권(고도 약 10킬로미터까지의 대기층) 안에서 전 세계로 퍼져나간다. 이 가운데 절반은 대기에 머무르고, 나머지는 대양의 표층에 흡수된다. 이렇게 흡수된 이산화탄소는 계속해서 오랜 시간에 걸쳐 더 깊은 바다 속으로 퍼져나간다. 인류가 계속해서 이산화탄소를 방출하면서 대기 중의 농도가 높아졌다. 지구 표면에서 방사되는 적외선 복사가 다시금 되돌아오는 이유다. 이 때문에 공기 덮개와 지구 표면이 추가로 더욱 가열된다.

다양한 화석에너지원들은 연소 과정에서 배출하는 이산화탄소의

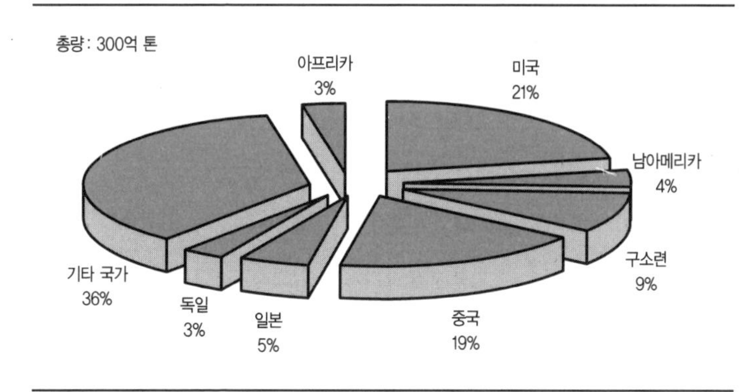

그림 13 2007년 전 세계 이산화탄소 배출량의 국가별 명세

양이 각기 다르다. 당연하다. 화학 조성이 다르기 때문이다. 무연탄과 갈탄은 탄소를 매우 많이 함유하고 있고, 석유와, 특히 천연가스는 탄소와 더불어 수소의 비율도 상당하다. 수소는 연소 과정에서 에너지를 발생시키며, 그 산물이 물이다. 석유와 천연가스가 생산되는 단위 에너지당 배출되는 이산화탄소의 양이 더 적은 이유이다. 주요 에너지원들의 이산화탄소 계수는 다음과 같다.

무연탄: 무연탄 1킬로그램당 이산화탄소 2.7킬로그램(발열량 1GJ당 이산화탄소 93킬로그램과 동일)

갈탄: 갈탄 1킬로그램당 이산화탄소 3.1킬로그램(발열량 1GJ당 이산화탄소 109킬로그램과 동일)

석유: 원유, 디젤유, 휘발유, 연료유 여부에 따라 좌우되나 1리터

당 이산화탄소 2.3~2.7킬로그램(발열량 1GJ당 이산화탄소 72~75킬로그램과 동일)

천연가스: 1세제곱미터당 이산화탄소 1.8킬로그램(발열량 1GJ당 이산화탄소 56킬로그램과 동일)

전력 1kWh: 독일 평균값으로 1킬로와트시당 0.65킬로그램, 무연탄 발전소의 경우 1킬로와트시당 0.82킬로그램

우리는 천연가스의 주요 성분인 메탄의 단위 분자당 온실 효과가 이산화탄소의 경우보다 훨씬 더 크다는 사실도 고려해야만 한다. 천연가스 채굴 과정에서 불과 몇 퍼센트의 메탄만 누출되더라도 천연가스의 낮은 이산화탄소 계수가 연소 과정에서 발휘하는 장점을 무효화해 버릴 수 있는 것이다.

앞에서 제시한 이산화탄소 계수를 바탕으로 개인이 에너지를 소비하면서 발생시키는 이산화탄소의 양을 계산할 수 있다. 몇 가지 예를 들어보자. 자동차 한 대가 100킬로미터당 휘발유 9리터를 사용하면 이산화탄소 배출량은 21킬로그램이다(9리터×2.33킬로그램). 주변 기기가 달린 개인용 컴퓨터를 일곱 시간 동안 사용하면 전력 1킬로와트시가 소모된다. 평균 650그램의 이산화탄소가 배출되는 셈이다.

이산화탄소 외에도 인간의 활동으로 방출되는 온실가스가 또 있다. 메탄이 약간의 몫을 차지하는 걸 별도로 한다면 여기서의 인간 활동은 에너지 사용과는 무관하다. 보자.

— 메탄: 쌀농사, 동물 사육, 석탄 채굴, 천연가스 광상에서의 누출, 매립식 쓰레기 처리, 하수 처리 시설에서 발생
— 아산화질소: 시비施肥 또는 자연 순환의 결과로 토양에서 질소가 변환될 때
— 오존: 산소, 질소산화물, 탄화수소의 광화학 반응으로 형성
— 염화불화탄소CFCs: 냉장고나 에어컨 따위의 냉매나 단열재 발포용으로 만들어낸 압축가스
— 할론HCFCs: 소화기나 화재 방지 시스템에 사용할 목적으로 인위적으로 만들어낸 압축가스

오존은 두 가지 상이한 효과를 발휘한다. 성층권(고도 12~50킬로미터)의 오존은 햇빛의 자외선 부분(290~310나노미터 파장)을 걸러낸다. 염화불화탄소가 성층권의 오존층을 파괴해, 일명 "오존 구멍"을 내놓으면 지구에 도달하는 자외선 복사량이 증대하는 이유이다. 그러나 대류권(고도 8킬로미터까지)의 오존은, 공기 오염 물질을 다른 부분에서 설명했듯이, 질소산화물과 탄화수소의 광화학 반응으로 만들어진다. 이 오존은 온실 효과를 발휘한다. 성층권에서 오존을 파괴하는 염화불화탄소는 그 생산과 사용이 국제 협약들(몬트리올 의정서와 후속 회의들)로 금지되었다. 대체 물질도 이미 개발된 상태이다.

대기의 이산화탄소 농도는 지속적으로 측정되고 있다. 1958년에는 315ppm이었고, 2005년에는 380ppm까지 증가했다. 대기의 부

피로 따지면 0.038퍼센트인 셈이다. 이와 함께 지구 표면의 평균 온도가 상승 중이라는 사실이 확인되었다.

온도가 상승하면서 대기와 해양의 흐름이 바뀌고, 나아가 기후대까지 변화할 것이라는 두려움이 존재한다. 지구의 평균 강수량이 증가하고, 토양의 습도가 바뀌어, 결과적으로 식생에 변화가 올 수 있는 것이다. 대륙의 설원과 빙하 일부가 녹을 수도 있다. 이런 기후 변화의 결과로 예컨대, 폭풍, 가뭄, 한파 같은 이상 기후 현상이 더 자주 발생할 수 있다. 비옥한 농경지로 통했던 곳의 위치가 바뀌고, 인구가 조밀한 해안 지역이 침수될 수도 있다.

이산화탄소 배출량 감축은 공기 오염 물질을 감축했던 선례보다 이루기가 훨씬 더 어려울 것이다. 이산화탄소를 발전소와 가정 난방 설비, 심지어 차량의 연도 가스에서도 분리할 수는 있다. 그러나 그렇게 하려면 엄청난 노력과 비용과 에너지가 들어간다. 그중에서도 대량의 이산화탄소를 "저장"하는 방법의 문제는 여전히 미해결이다. 앞에서 설명한 공기 오염 물질의 경우는 탈황 공정의 회반죽처럼 다른 산물이나, 촉매 변환 공정의 질소와 물처럼 자연 물질로 변환할 수 있다. 그러나 이산화탄소의 경우는 그럴 수 있는 가능성이 전혀 없다. 이산화탄소를 포집해, 심해에서 액체나 고체의 형태로 처리할 수 있을 것이라는 얘기가 흔히 나오지만 여전히 이론적일 뿐으로, 생태 친화성과 관련해서는 더욱 의심스럽다.

천연가스와 석유의 2차 채수 공정에 이산화탄소를 활용하고, 나아가 텅 빈 유정에 강제 주입하는 방식으로 이를 처리하는 게 더 현실적인 방안이다. 그러나 발생한 이산화탄소 가운데서 이 방법으로 "처리"할 수 있는 양은 얼마 안 된다. 이산화탄소 배출량을 실질적으로 줄일 수 있는 유일한 방법은 탄소가 적거나 탄소가 전혀 없는 에너지원으로 옮아가는 것이다. 에너지 소비를 줄이는 방안도 여기에 보탤 수 있겠다.

국가 정책과 국제 정책

1992년에 열린 유엔 환경발전회의UN Conference on Environment and Development를 시작으로 온실가스 배출량을 줄이자는 국제 사회의 움직임이 가속되었다. 이런 흐름은 교토 의정서Kyoto Protocol 체결로 절정을 이루었다. 이 협약에 따라 150개 국가가 2008년에서 2012년 사이에 1990년 기준 연도 대비 자국의 온실가스 배출량을 각자 목표를 정해 놓고 감축하는 의무를 부여받았다. 발전도상국과 신흥 시장 국가 들은 이 감축 의무에서 면제되었다. 에너지 사용의 측면에서 뒤진 것을 만회해 격차를 해소할 필요가 있음이 인정되었던 것이다. 이것은 그들의 경우 추가로 배출을 해도 좋다는 의미였다. 미국은 교토에서 온실가스 배출량을 7퍼센트 줄이기로 약속했지만 아직까지도 의회에서 협정이 비준되지 않았다. 감축에 따르는 비용이 너무나 많아 자국 경제에 미칠 손실 때문이다.

유럽연합은 이 교토 의정서에 단일 행위자로 참여해, 역내 전체에서 배출량을 12퍼센트 줄이기로 했다. 유럽연합은 회원국 간 내부 조율을 거쳤고, 독일은 이 목표치의 가장 많은 몫을 떠맡았다. 독일은 자국의 이산화탄소 배출량을 2012년까지 1990년 기준량 대비 25퍼센트 줄이기로 약속했다. 그러나 이렇게 높은 감축 목표를 설정할 수 있었던 건 독일 통일이라는 역사적 사건이 벌어졌기 때문이다. 구동독의 제주諸州에서 다수의 산업 시설이 문을 닫았다. 주거 건물들은 석탄 난로를 폐기하고 가스 난방 및 취사 시스템을 도입했다. 석탄을 태우는 더 효율적인 발전소들이 새로이 건립되었다. 독일은 이를 바탕으로 구체적인 감축 조치를 전혀 시행하지 않고서도 이산화탄소 배출량을 상당히 줄일 수 있었다.

그러나 2008년 현재 교토에서 책정한 2012년까지의 감축 목표를 달성하는 것은 불가능해 보인다. 지난 몇 년 동안 전 세계에서 이산화탄소 배출량이 계속 증가해 왔다는 사실만 봐도 이런 불길한 미래를 어느 정도 짐작할 수 있다.

전 세계의 온실가스 배출량을 목표한 대로 감축하려면 국경을 뛰어넘어 공동의 조치를 취해야만 한다. 교토 의정서는 자유 기업제의 기초 위에서 국제적으로 온실가스를 감축할 수 있는 네 가지 실행 계획을 제안했다.

1. 계획: 국가 집단은 이를 바탕으로 함께 목표를 이룰 수 있다. 현재까지 이 방법을 채택한 국가 집단은 전 세계에서 유럽연합 하나뿐이다.

2. 배출량 거래: 이 체제에서는 이산화탄소 배출권이 발행된다. 일

부 산업 기업은 허가받은 양만큼만 이산화탄소를 배출할 수 있다. 해당 기업이 배출을 다 하고도 그 양이 허가량에 미치지 않을 경우 다른 기업들에 팔 수도 있는 것이다. 한편으로, 허가받은 양보다 이산화탄소 배출량이 더 많을 경우는 추가로 배출권을 구매해야 한다. 배출권을 사고파는 시장이 출현하게 되는 셈이다. 2008년에는 전 세계적으로 이런 거래 체제가 도입될 예정이다. 배출권 거래 체제가 정식으로 출범하려면 의정서에 가맹한 모든 국가에게 일정량의 이산화탄소를 최초 통화로 지급해야만 한다. 개별 국가는 자국의 기업들에게 일정 수의 공짜 배출권을 발부하고 말이다. 어떤 국가들은 실제의 이산화탄소 배출량과 비교해 허가받은 배출량이 남아돌 수 있다. 협상 기술이 좋아서였을 수도 있겠고, 경제 활동이 저조해진 결과일 수도 있을 것이다. 대표적인 예가 러시아이다. 이런 나라들은 자국의 잉여 배출권을 국제 무대에서 판매해, 추가로 세수를 확보할 수 있다.

유럽연합의 회원국들은 의무적으로 독자적 배출권 체제를 도입해야 한다. 예컨대, 독일에서는 2,600개의 기업이 이 조치에 영향을 받는다. 발전소와 주요 산업 기업은 물론이고 제철소와 제지 공장도 여기에 포함된다. 이 2,600개의 기업이 독일의 전체 이산화탄소 배출량 가운데 약 60퍼센트를 방출한다.

3. 공동 실행 : 선진국들은 이 체제를 통해 다른 선진국들의 온실가스 감축 프로젝트에 참여할 수 있고, 이런 투자를 자국의 감축 목표에 외상 판매 형식으로 돌릴 수 있다.

4. 청정 개발 계획 : 공동 실행 계획처럼 이 체제도 국제 프로젝트

이다. 그러나 이것은 선진국들과 발전도상국들 사이의 프로젝트이고, 이산화탄소 감축량은 선진국들의 구좌로 계상된다. 이산화탄소 배출 제한을 따르지 않아도 되는 인도나 중국 같은 국가들은 수력 발전소 건설 같은 프로젝트들을 수행하는 과정에서 선진국들의 협력을 바탕으로 기술 정보를 제공받고, 재정적 지원을 누리는 등의 혜택을 보고자 한다. 해당 선진국은 이산화탄소 배출권을 얻는 반대급부를 누린다. 프로젝트에 참여하는 선진국은 시장 시세보다 더 낮은 가격에 이산화탄소 배출권을 얻고자 할 것이다. 이런 종류의 프로젝트는 국제적 전담 기구의 승인을 받아야만 한다. 관료적 절차가 뒤따르게 되는 셈이다.

유럽 차원에서 이산화탄소 배출권을 도입하는 1단계 조치는 개별 국가들의 관련 시설들에 무료 배출권을 발행하는 것이었다. 효율성을 증대하면서 생산을 확대하는 문제는 여전히 해결되지 않고 있는 어려운 과제이다. 에너지 변환의 효율성을 높이면 이산화탄소 배출량이 감소하게 된다. 제한 배출량의 구속에서 풀려날 수 있는 셈이다. 기업들이 생산을 감축하거나 생산 기지를 해외로 이전해도 같은 효과를 볼 수 있다. 그렇다면 이전에 할당받은 배출량은 반납해야만 할까, 아니면 시장에 내다팔아도 되는 것일까?

기업이 생산을 확대하면 추가로 에너지를 소모하게 되고, 결국 더 많은 배출량이 필요하게 된다. 결국 생산 단가가 비싸지면서 제품의 경쟁력이 추락하고 만다. 배출권 가격이 아주 비싸면 경제 활동이 위축될 수도 있다. 배출권 거래의 방법과 규칙이 끊임없이 토론되는 게 전혀 놀랍지 않은 이유이다. 기존의 배출권 체제가 2008년 이후의 국제 체제에 흡수 통합될지, 된다면 또 어떻게 될지도 명확하지 않다. 이전에 달성한 감축량을 그때도 계속 계상할지 역시 불분명하다.

이산화탄소 1톤의 배출량을 얻기 위해 구매되는 배출권의 가격은 2007년 말경에 20유로까지 치솟았다. 배출권 가격이 이 정도면 에너지원 선택이 영향을 받지 않을 수 없다. 독일과 유럽의 발전 단지가 노후화로 인해 향후 20년 이내에 많은 부분을 교체해야 한다는 걸 감안하면 이산화탄소 배출권 도입의 견지에서 볼 때 에너지원들 사이의 경제적 경쟁이 현안으로 부상할 것이다. 예컨대, 석탄과 석탄을 사용해 생산한 전기는 천연가스를 사용해 생산한 전기보다 배출권 비용이 훨씬 더 비싸질 것이다. 이로 인해 천연가스 수요가 추가로 늘어나게 되면 천연가스 가격이 상승할 테고, 다시금 석탄이 발전용으로 경쟁력을 갖게 될 것이다. 어떤 경우라도 킬로와트시당 전기 가격은 배출권제로 인해 모두에게 더 비싸질 것이다. 예컨대, 무연탄으로 전기 1킬로와트시를 생산하려면 820그램의 이산화탄소 부하가 발생한다. 이산화탄소 1톤의 면허세가 20유로이므로 전기 가격은 킬로와트시당 약 1.6센트 인상된다. 1.6센트는 이산화탄소 배출권이 없었을 때 발전 비용의 약 3분의 1이다. 경제적으로 중요하게 고려하지 않을 수 없는 대상인 것이다. 그러나 사실 기업들은 필요한 배출권을 조금만 사도 된다. 가장 많은 몫을 최초 분담액조로, 그것도 공짜로 지급받기 때문이다.

이산화탄소 감축 비용

에너지를 효율적으로 사용하거나 재생 가능 에너지로 전환하는 비율을 높이면서 이산화탄소 배출량을 줄이는 데에는 돈이 든다. 이산화탄소 배출량을 줄일 수 있는 방법은 아주 많다. 예컨대, 가정용 전기 제품의 에너지 효율을 개선하면 전기를 덜 사용하게 돼, 결과적으로 이산화탄소를 덜 배출하게 된다. 발전소나 가열 시스템의 에너지 변환 효율을 개선해도 연료를 아낄 수 있어, 이산화탄소 배출량이 감축된다. 산업 공정을 재편성하면 연료유, 천연가스, 전기 소모량이 줄어들고, 따라서 이산화탄소도 덜 배출할 수 있다.

원자력 발전소, 풍력에너지, 태양광 발전 시스템은 이산화탄소를 전혀 배출하지 않고 전기를 생산한다. 어떤 조치를 먼저 취할 수 있고, 또 취해야 하는지의 문제가 자연스럽게 부상한다. 중요한 기준 하나는 비용 문제이다. 우리는 비용-편익 분석의 관점에서 가장 적은 비용으로 이산화탄소 발생을 피하기 위해 먼저 노력해야 한다. 독일의 조건에 적용된 몇 가지 예들을 살펴보도록 하자. 그 과정에서 가능한 조치들의 범위가 드러날 것이다.

발전 분야에서는 화석연료를 태우는 기존 발전소의 효율성이 1993년부터 1995년 사이에 약 180가지 정도의 조치들이 도입되면서 크게 개선되었다. 날개를 새롭게 설계한 터빈의 도입이 가장 중요한 진전 사례이다. 그렇게 구체적으로 연료 소모량을 줄이게 되자 이산화탄소도 매년 약 700만 톤 감축할 수 있었다. 1996년에는 240가지 조치가 추가로 실시되었고, 이산화탄소도 매년 약 200만 톤씩 줄일 수 있게 됐다. 이런 조치들의 비용을 이산화탄소 감축 회계에만 적용해 보면 15유로 미만의 비용으로 이산화탄소 1톤을 "줄일" 수 있다는 결론이 나온다. 물론 이런 조치들의 비용을 이산화탄소 감축 회계에만 적용해서는 안 된다. 연료를 그만큼 태우지 않아서 나오지 않은 다른 배출 가스들도 그 비용이 사실상 예방해 주었기 때문이다. 풍력 발전기로 전기를 생산해도 이산화탄소를 감축할 수 있다. 대당 발전량이 2MW인 풍력 발전기 31,000기를 해안 지방에 설치해, 연간 2,200시간씩 가동하면 900만 톤의 이산화탄소를 줄일 수 있다. 풍력에너지의 발전 비용은 킬로와트시당 8센트이고, 이는 기존 발전소의 전기 생산 비용보다 두 배 더 비싼 값이다. 이런 추가 비용에도 불구하고 풍력 발전은 킬로와트시당 0.65킬로그램의 이산화탄소를 줄일 수 있다. 구체적인 이산화탄소 감축 비용은 톤당 60유로로, 발전소를 재장비해서 줄일 수 있는 이산화탄소 비용보다 더 비싸다.

개인 소비자들은 온수 보일러, 세탁기, 냉장고 같은 가전제품을 새로 구입하면 앞의 사례들보다 훨씬 더 싸게 이산화탄소를 줄일 수 있다. 신형 가전제품은 구형 제품보다 에너지를 덜 소모한다. 물론 가전제품 값이 조금만 올랐어야 한다. 다음의 경우에는 이산화탄소 감축에 사실상 비용이 들어가지 않는다. 기존의 전구 대신 에너지 절약형 전구를 사용하면 6,000시간을 켜놓아도, 그러지 않았을 경우 필요한 전구 여섯 개의 비용, 곧 10유로밖에 들지 않는다. 전기 소모가 적으면 이산화탄소 배출량도 감소한다. 이런 감축은 추가 비용을 전혀 쓰지 않고도 달성할 수 있는 셈이다.

제6부

희망의 빛
: 에너지 효율성과 재생 가능 에너지

14 에너지 절약

가장 좋은 에너지원은 사용하지 않는 에너지원이다. 그런 에너지원은 발전을 한답시고 채굴하거나 사용할 필요가 없고, 어떠한 대기 오염 물질이나 온실가스도 내뿜지 않기 때문이다. 우리는 일상생활에서 에너지 절약을 이야기한다. 그러나 여기서 두 가지 개념을 구별할 필요가 있다. 에너지 절약과 에너지 효율을 뜻하는 합리적 에너지 사용이 그 두 가지이다. 에너지 절약은 행동을 바꾸어 에너지를 더 적게 소비하는 것이다. 예를 들어본다.

— 실내 온도를 낮추고, 난방을 하는 대신 옷을 더 따뜻하게 챙겨 입기
— 에어컨을 가동할 때 실내 온도를 조금 덜 낮추기
— 운전을 덜 하고, 하더라도 불필요한 가속과 제동을 하지 않기
— 꼭 필요한 공간만 난방하고, 조명하기

대다수의 사람은 에너지 절약을 내켜하지 않는다. 개인의 자유를 구속한다고 생각하는 일이 잦은 것이다. 사람들은 차라리 에너지 효율성을 높여서 에너지 소비량을 줄이는 쪽을 선택하려고 한다. 에너지를 보다 합리적으로 사용하겠다는 것이다. 몇 가지 예를 들어보자.

— 난방 장치, 엔진, 차량의 효율성 개선
— 발전소 기술 개량
— 단열 기술을 향상시켜 건물의 난방 필요성 감축

이 모든 경우에서 "에너지를 잡아먹는 장치들"은 사용에 제한을 받지 않는다. 이 장치들은 우리가 해주기를 바라는 걸 에너지를 많이 사용하지 않고 수행하는 것이다.

에너지를 절약하는 동기나 에너지의 효율성을 증대하려는 동기는 사실 모든 분야에서 똑같다. 그러나 목표를 추구하는 강렬함은 제각각이다. 소수의 사람은 이상주의적 신념에 기초해 에너지를 절약한다. 대다수의 우리는 그저 돈을 절약해 볼 요량으로 그렇게 한다. 우리의 목표는 예컨대, 이산화탄소 배출권 가격처럼 공기 오염 물질이나 온실가스 배출과 관련해 에너지 가격이나 기타 부대 비용이 인상되는 충격을 흡수하고, 벌충하는 것이다. 산업 분야에서는 이 항목의 비용을 줄여서 경쟁력을 높이는 것이 또 다른 행위 동기이다. 에너지 소비자가 필요로 하는 에너지에 비용을 지불해야만 하고, 동시에 에너지를 보다 효율적으로 관리 제어할 수 있는 수단과 가능성이 있을 때에만 이런 동기는 실효를 거둔다. 그러나 후자의 활동이 항상 가능한 것은 아니다. 예컨대, 사무 공간은 에너지 비용을 포함해 제곱미터당 가격을 정해 놓고 임대되는 일이 잦기 때문이다. 임대 거주 아파트에는 또 다른 장애물이 있다. 임차인이 에너지 비용을 고스란히 부담하기 때문에 집주인이 에너지 효율이 우수한 난방 시스템을 갖추거나 기존 건물의 단열 기능을 향상시키려고 특별히 애쓰지 않는 것이다.

임차인은 건물의 설계 구조를 변경해 에너지 효율성을 개선할 수 있는 권한이 전혀 없다. 임차인이 집주인과 합의해 자기 돈으로 설계 구조를 바꾸려 한다 해도 흔히 해당 건물에서 얼마나 살지 알 수가 없고, 따라서 구조 변경 비용이 소기의 성과로 되먹임feedback될지의 여부도 장담할 수 없는 것이다. 비용 요소 외에도 다른 동기 부여 체계가 필요해지는 이유이다. 예컨대, 독일에서는 이런 목표에 부응하기 위해 건물들에 "에너지 인증" 제도가 도입 시행되고 있다. 이를 통해 건물의 열 활용 기술 수준을 알 수 있기 때문에 미래의 임차인들은 해당 건물에 입주했을 때 치르게 될 난방비를 예상할 수 있다.

과거의 성공 사례

1970년대에 두 차례 에너지 파동이 있었다. 석유 가격이 아주 짧은 기간 동안 세 배로 폭등했다. 그 이후로 에너지를 더 효율적으로 취급하고, 건물을 더 효과적으로 단열하는 다양한 조치들이 취해졌다. 치솟은 에너지 가격을 고려할 때 한편으로 에너지 절약이 반드시 필요했다. 국가는 물론이고 유럽연합 차원에서도 각종 조치가 발동돼 에너지 절약을 요구했다는 것도 무시할 수 없는 또 다른 이유였다. 가장 중요한 조치들을 몇 가지 소개한다.

— 건물의 단열과 난방 시스템의 에너지 효율성에서 최소 기준을 의무화함
— 공기 오염 물질 배출 기준 확립
— 임대 아파트의 경우 난방열 사용량 표시를 의무화하고, 신형 가전제품과 신형 자동차의 경우 에너지 소비 효율 제시를 의무화해 구매자들이 에너지 효율 측면에서 제품을 비교 구매할 수 있도록 함
— 전기와 더불어 지역 난방열이나 산업 공정열을 함께 생산하는 매우 효율적인 시스템들에 재정을 지원함

이런 조치들 속에서 경제 성장과 에너지 소비가 분리되기 시작했다. 1960년대와 1970년대에는 에너지 소비가 국민총생산과 거의 똑같은 비율로 보조를 맞추며 증가했다. 1980년대에는 국민총생산이 더 증가했음에도 불구하고 에너지 소비는 더 낮은 비율로 상승했다. 지난 10년 동안 에너지 소비는 정체했지만 국민총생산은 조금이나마 계속해서 증가했다. 이런 분리는 에너지 절약, 에너지 효율성 증대, 그리고 경제의 구조 조정을 통해 달성됐다. 철, 건축 자재, 화학

물질처럼 원료 소재를 많이 투입하는 생산 분야가 경제 구조에 영향을 미치는 기본 요소들이지만 사무 및 통신 기술과 사회 서비스 같은 기술 및 비기술 서비스 분야가 지난 20년 동안 국민총생산에 점점 더 많은 기여를 해왔다. 기술 및 비기술 서비스 분야는 에너지를 많이 소비하지 않고, 따라서 에너지 소비와 전체 경제 성장을 분리하는 데도 기여한다.

경제 개혁과 효율 증대의 가능성

에너지를 아끼는 방법은 세 가지로 나누어 볼 수 있다.

— 행동 관련 방안들
— 조직적 방법
— 투자

행동 관련 방안들로는 예컨대, 자동차와 트럭 모두에서 습관적으로 가속을 하거나 끼어들지 않고 전방을 멀리 보면서 꾸준하게 운전하는 습관이 있다. 트럭 운전수 두 명을 동원해 1,500킬로미터를 주파하는 실험을 해보았다. 더 빨리 도착한 운전수는 더 신중하게 천천히 달려온 운전수보다 불과 7퍼센트의 시간만을 절약할 수 있었다. 그러나 후자는 전자에 비해 연료를 무려 30퍼센트 덜 사용했다. 행동을 바꾸면 많은 경우에 엔진이 여전히 차가운 단거리 운전도 안

할 수 있다. 난방열 사용 분야에서 생각해 볼 수 있는 행동 관련 방안들로는 더 적당한 수준으로 난방하기, 방이나 건물 또는 점포를 필요한 만큼만 난방하기, 적절한 환기가 있다. 방의 온도를 섭씨 약 1도 낮추면 에너지 비용이 약 5퍼센트 절감된다. 행동 관련 방안들은 돈이 들지 않는다. 그럼에도 이것들은 에너지 비용을 절약해 준다.

조직적 방법들도 살펴보도록 하자. 교통 분야에서는 차량의 유지 보수 활동, 예컨대 윤활유와 타이어의 공기압 점검, 엔진 정비가 있고, 필요하지 않을 때 지붕의 화물 선반을 제거하거나 트렁크 또는 적재 공간에 불필요한 짐들이 넘쳐서 지나치게 무게가 나가는 것을 막을 수도 있다. 동일한 운송 서비스라도 에너지 비용이 더 적게 드는 방향으로 조정될 수 있다. 화물을 도로 수송에서 철도나 선박 운송으로 재조직할 수 있는 것이다. 당연히 산업 분야에서도 조직적 방법들을 통해 에너지를 절약할 수 있다. 직원들이 일할 때만 공장과 사무실을 난방하고 조명하는 조치가 대표적이다. 전력 소비량의 최고치를 너무 높지 않게 유지해도 에너지 비용을 줄일 수 있다. 가동 중인 모든 장비가 실제로 다 사용되고는 있는 것인지 확인 점검하는 요원도 필수다. 산업 분야의 전기 소비자들은 가정의 일반 소비자들과 달리 필요로 하는 최대 킬로와트량에 대금을 지불한다. 그런데 최고 소비량은 값이 매우 비싸다. 비교적 적은 비용으로 조직적 방법들을 실행할 수 있다. 그러나 이런 조직적 방법들은 장기간 계속해서 시행되어야 소기의 감축 효과를 얻을 수 있다.

일반으로 투자는 사업의 견지에서 타당성이 있을 때만 이루어진다. 기업이 다른 투자 활동에서도 기초로 삼는 합리적인 회수 기간이 통상 여기에서도 기준이 된다. 모진 경쟁에 시달리는 기업들은 투자 회수 기간이 흔히 1년 미만으로 매우 짧다. 에너지를 절약할 수 있는 온갖 방법과 가능성이 다 동원되지는 않는 셈이다. 아무튼 그런 투자의 예를 들어본다. 에너지 절약형 신차 구매, 낡고 대개는 너무 큰 보일러 교체, 압축 공기 시스템의 누출 차단, 건물의 단열 향상. 정부도 간선 도로에서 혼잡 정체 구간들을 없애는 데 성공하면 교통 부문에서 에너지를 상당히 절약할 수 있다. 교통 정체에 빠진 차량들은 제자리에서 옴짝달싹하지 못한 채 에너지를 소모해 버린다.

이제 에너지 효율을 추가로 향상시킬 수 있는 현행의 가능성들을 살펴보도록 하자. 정보 사회로 끊임없이 이행해 가면서 현대의 가정과 회사 들에는 다양한 전기 제품과 정보 및 사무기기, 곧 오디오 및 비디오 장비, 텔레비전, 카메라, 전화, 개인용 컴퓨터, 커피 제조 기계가 들어차게 되었다. 이런 장비와 장치들은 흔히 편리 때문에 기술적으로 얘기해서 전원을 완전히 차단하지 않고, 유휴 모드의 대기 상태로 가동된다. 휴대 전화가 끼워져 있지 않은데도 충전기가 전기 콘센트에 꽂혀 있다. 텔레비전 수상기 같은 다른 많은 장비 역시 꺼놓고 사용하지 않음에도 불구하고 여전히 대기 상태에 놓여 있다. 장비나 장치 하나라면 대기 상태의 전력 소모량이 얼마 되지 않는다. 그러나 이런 장비가 수백만 개로 늘어나면 요구되는 전기에너지가 무시할 수 없을 만큼 많아진다. 이 지점에서 전기에너지를 절약할 수 있다는 사실이 오래전부터 알려져 왔고, 실제로 어느 정도 감축이 이루어지기도 했다. 그러나 최근의 조사에 따르면 독일에서만 이 대기 상태 작동을 위해 총 18테라와트시(TWh)의 전기가 소모된다고 한다. 이는 독일 전체 발전량의 3퍼센트에 이른다. 2007년에 설치 가동된 풍력 발전량의 거의 절반이고, 원자력 발전소 2기의 전기 생산량과도 같다. 물론 이렇게 유휴 대기 작동으로 손실되는 양을 완전히 없앨 수는 없다. 개인용 컴퓨터나 프린터를 사용자가 휴식을 취할 때마다 끌 수는 없는 일이다. 그러나 TV 수상기와 오디오 장비는 밤사이에 꺼놓을 수 있고, 충전 장비들도 사용하지 않을 때면 전원에서 분리해 놓을 수 있다. 조사 결과에 따르면 앞에서 언급한 전기 소모량의 약 40퍼센트를 행동 관련 방안들로 줄일 수 있다고 한다.

바닥 면적 제곱미터나 공간의 부피 세제곱미터당 필요한 조명은 다양한 색깔과 다양한 에너지 사용 수준에서 환하게 비출 수 있다. 전기에너지를 빛으로 변환하는 절차는 기술적인 이유로 에너지 효율이 낮다. 전구는 제공받은 전기에너지의 5퍼센트만을 빛으로 바꾼다. 할로겐램프는 그 비율을 10퍼센트까지 끌어올린다. 접속 소켓이 현대적인 콤팩트 형광 전구CFL는 매우 양호한 조명 색깔을 바탕으로 그 효율을 최고 25퍼센트까지 높였다. 에너지 사용 효율이 더 높은 조명은 도로나 대규모 산업 공간을 비추는 고압 나트륨등燈이나 고압 수은등뿐이다. 그러나 이것들은 조명 색깔이 주거 공간, 사무실, 작업실에 적합하지 않다는 약점이 있다. 전기의 현행 가격을 고려하면 최초 투자 비용이 더 비싸기는 해도 기존의 전구를 콤팩트 형광 전구로, 오래된 형광등을 최신식의 조명 기구로 교체하는 게 이익이다. 에너지 절약과 온실가스 배출 및 공기 오염 감축 효과는 공짜로 누리는 가외 소득이다.

에너지를 덜 쓰면서 난방을 할 수 있는 가능성도 매우 많다. 독일의 최근 입법은 새로 건물을 짓거나 낡은 건조물일지라도 보수 개조를 할 때 일정한 단열 기준을 충족하도록 요구하고 있다. 그러나 불행하게도 이런 기준이 현실에서 항상 지켜지는 것만은 아니다. 건축물의 단열이 서류상으로 명시되어 있기는 하지만 실제로 단열 조치들이 취해졌는지는 점검되지 않기 때문에 이런 일이 일어난다. 이것은 고객들의 책임이다. 건물이 지어진 시기에 따라 열 소모량에도 상당한 차이가 난다. 일반적으로 아주 오래된 건축물이 석유 가격이 낮게 형성되었던 1960년대와 1970년대에 지어진 건물들보다 열효율이 더 우수하다. 건축물은 통상 30년 후면 대대적으로 보수 개조해야 한다. 열 관리 기술 측면에서 건물의 외벽을 뜯어고치기 가장 알맞은 때가 바로 이쯤이다. 추가 비용을 가장 덜 들이면서 개조할 수 있는 것이다.

열 관리 기술 수준이 다른 건물들을 비교해 보면 에너지 절약의 가능성을 또렷하게 알 수 있다. 난방 에너지 필요량은 통상 제곱미터의 거주 공간당 연간 킬로와트시, 또는 제곱미터당 연간 연료유(또는 천연가스) 환산치로 표시한다. 단독 주택 형태의 난방비로 비교할 때 단열 기준에 따라 다음과 같은 품등을 얻을 수 있다.

— 1970년 이전에 지어졌고, 개보수 되지 않은 건물:

제곱미터의 거주 공간당 연간 난방비로 연료유 약 20리터(또는 천연가스 20세제곱미터)가 필요함. 단열 상태가 매우 형편없는 건물일 경우 이 비용이 30리터까지 상승할 수 있음.

— 1982년 통과된 법령에 따라 서독에서 지어진 건물:

제곱미터의 거주 공간당 연간 난방비로 연료유 약 15리터(또는 천연가스 15세제곱미터)가 필요함.

— 1995년 통과된 법령에 따라 지어진 건물:

제곱미터의 거주 공간당 연간 난방비로 연료유 약 9리터(또는 천연가스 9세제곱미터)가 필요함.

— 에너지를 적게 사용하는 주택, 예컨대 단열 성능이 에너지 절약법Energy Savings Law의 지정 명령을 30퍼센트 능가하는 주택:

제곱미터의 거주 공간당 연간 난방비로 연료유 약 6리터(또는 천연가스 6세제곱미터)만 필요.

이 모든 경우에서 거주 여건은 동일하다고 가정했다. 건물의 난방열 필요량은 다양한 요인들에 의해 정해지기 때문이다. 가장 중요한 것은 외벽과 창문의 열 관리 설계이다. 두 번째는 환기이다. 만약에 창문이 잘못 설치되어 시종일관 벌어져 있다면 공기가 건강상의 이유로 필요한 것보다 무려 4배 더 많이 순환하고, 결국 많은 양의 난방열이 불필요하게 낭비된다. 건물의 바깥 표면과 주거 공간 사이의 관계, 곧 면적도 중요한 요소이다. 건물이 아담할수록 열에너지가 덜 필요하다.

최근의 동향은 이른바 "3리터 주택"과 "패시브 하우스"passive house(첨단 단열 공법을 이용해 에너지의 낭비를 최소화한 건축물)이다. 3리터 주택은 제곱미터당 연간 난방 연료유 요구량이 3리터인, 에너지를 아주 조금만 사용하는 주택이다. 패시브 하우스는 3리터 주택보다 난방열 사용량이 훨씬 더 적다. 제곱미터당 연간 1.5리터 이하의 연료유를 사용해야 한다는 것이 패시브 하우스의 자격 요건이다. 독일에서는 이런 주택이 벌써 1,000채나 지어졌다. 에너지를 이렇게 적게 사용하려면 환기를 제어하는 게 중요하다. 필요한 양보다 공기를 더 많이 교체할 필요가 전혀 없다. 그렇게 하면 난방열을 쓸데없이 잃지 않아도 된다. 패시브 하우스의 환기 시스템은 이런 열 손실을 줄이기 위해 열 이용 시스템과 함께 설계된다. 건물 밖으로 빠져나가는 공기의 열이 열 교환기로 전달돼, 밖에서 건물 안으로 들어오는 공기를 데우는 방식이다. 오래된 낡은 건물들의 경우는 벽과 창을 통한 열 손실이 주된 원인이지만 에너지를 적게 사용하는 주택에서는 환기시의 열 손실이 똑같은 역할을 하는 것이다. 이제는 창문과 가열 난방 시스템을 네트워크화해 제어하는 에너지 시스템으로 추세가 바뀌고 있다. 이런 "인텔리전트 주택"intelligent house은 창문을 언제 개방하고, 창문 아래 설치된 방열기를 언제 켤지 스스로 판단해 작동한다.

앞에서 언급한 소모량이 이른바 난방 에너지 요구량, 다시 말해 원하는 온도를 얻기 위해 건물에 주입되어야 하는 열량뿐이었다는 사실에 주목하라. 보일러는 연료유나 천연가스로 건물에 필요한 열 에너지를 만드는 에너지 변환 과정을 수행하고, 여기에는 최고 10퍼센트까지 에너지 손실이 발생한다. 설치된 난방 장치에 따라 그 정도가 달라지는 것이다. 이 양으로 인해 주민들의 에너지 소모량이 또 증가한다.

이를 바탕으로 예컨대, 거주 공간이 평균 120제곱미터인 단독 주택을 난방한다고 해보자. 열 관리 설계에 따라 차이가 날 텐데, 개보수를 하지 않은 오래된 건물의 경우 연간 연료유가 2,400리터, 에너지를 적게 사용하는 주택의 경우 연간 연료유가 700리터 필요하다. 여기에는 보일러의 변환 손실 10퍼센트가 계상되어 있다. 난방유 가격을 리터당 65센트로 계산하면 한 해 동안 에너지 비용에서 1,200유로의 차이가 발생하는 셈이다. 다가구 주택은 단독 주택에 비해 설계상의 특징 때문에 난방 에너지 요구량이 10~15퍼센트 더 적다. 주거 공간의 바깥 표면 넓이가 작다는 게 그 이유다.

건축물은 수명이 아주 긴 "에너지 변환 장치이자 설비"이다. 신축 건물이라면 단열 기준을 개선하는 게 더 쉽겠지만 기존 건물이라면 우선적으로 에너지 사용을 절감해야만 하는 이유다. 1950년대에 지어진 건물도 기본적인 개보수를 통해 1995년의 열 관리 법령Thermal Protection Ordinance을 만족시킬 수 있었다. 에너지 소비량이 절반으로 감소되었던 것이다. 오늘날의 에너지 가격을 고려해 보면 이런 조치도 사업적 차원에서 상당히 효과적이다. 독일 정부는 열 관리 효율을 높이기 위해 좋은 조건으로 투자 대출까지 제공하고 있다.

건축물 분야에서 에너지 소비를 절감하려면 수십 년의 세월이 필요하다. 1990년 이전에 지어진 건물을 40년 이내에 전부 다 개보수한다고 가정하면 오늘날의 난방열 요구량 약 30퍼센트를 감축할 수 있다. 독일 전체의 에너지 수요량에 비추어보면 이는 6퍼센트 감축분에 해당한다. 건축물의 열 관리 기술 개량이 미래의 에너지 공급 풍경에서 핵심적인 이유이다.

소비자 행동과 에너지 효율 사이의 갈등

에너지 효율 측면에서 건축물, 전기 장비, 자동차가 끊임없이 개선되고는 있지만 공간을 따뜻하게 유지하고, 장비를 지속적으로 가동하고, 더 많은 거리를 여행하고자 하는 소비자들의 요구 역시 끊임없이 증가하고 있다. 기술적으로 감축할 수 있다고 해서 에너지 소비량이 반드시 줄어드는 게 아닌 이유이다. 네 가지 사례를 들어본다.

— 1995년에서 2003년 사이에 독일에서 자동차들이 움직인 이동거리는 7,400억 킬로미터에서 8,200억 킬로미터로 늘어났다. 그 기간에 차량의 평균 연료유 소비량은 기술 개선에 힘입어 100킬로미터 주행당 9리터에서 8.4리터로 줄었다. 그러나 이동 거리가 늘어난 결과 총 연료 소모량은 이 기간 동안 3퍼센트 증가했다.

— 1995년에서 2003년 사이에 독일의 주거 공간은 30억 제곱미터에서 33억 8000만 제곱미터로 늘어났다. 단열 기술의 향상으로 소비

자들의 난방 에너지 사용량은 제곱미터의 주거 공간당 연료유 19.6리터에서 17리터를 약간 상회하는 수준으로 줄었다. 그러나 전체적으로 주거 공간이 늘어나는 바람에 절대적인 총 에너지 소비량은 결코 줄지 않았다. 우리가 더 오랜 세월, 예컨대 1980년에서 2003년까지를 돌이켜보더라도 똑같은 얘기를 할 수 있다.

— 전기 장비의 에너지 효율도 개선되고 있지만 그와 함께 개인 가구들은 그 어느 때보다 더 많은 전기 제품을 갖추고 있는 실정이다. 1997년부터 2005년 사이에 오디오, 비디오, 각종 데이터 처리 장비는 전기 소모량이 11퍼센트 감소했다. 그러나 그 기간에 이들 장비가 13퍼센트 늘어났다. 종합해 보면, 전기 소모량이 이 부문에서 약간 늘어났다. 이른바 "백색 가전"이라고 불리는 냉장고, 세탁기, 식기 세척기 분야도 상황은 마찬가지이다. 에너지 소모량이 평균 11퍼센트 줄었지만 전기 제품의 절대량 자체가 13퍼센트 늘었고, 결국 이 부문도 전기 소모량이 약간 늘어났다.

— 산업 부문에서만 에너지 소비량이 실제로 감소했다. 1995년부터 2003년 사이에 생산액은 동일한 수준을 유지했지만 부가 가치 1유로당 에너지 소비량은 11퍼센트 감소했다.

사람들이 편리와 안락함을 끊임없이 추구하기 때문에 새로운 장비와 장치들이 시장에 나온다. 한 가지 사례로, 독일에서는 방 하나만을 냉방해 주는 에어컨이 점점 더 많은 인기를 얻고 있다. 독일 사람들은 여태까지 가정 냉방이라는 개념을 거의 알지 못했다. 그러나 이제는, 아주 더운 여름날이 거의 없는 독일에서마저 더욱더 많은 사람들이 에어컨이라는 물건을 구매하고 있다. 전기 수요가 크게 증가하리라는 것은 불문가지이다.

이런 사례들을 보면 기술적 조치를 통해 에너지 효율을 개선하는 것만으로는 에너지 소비량을 대폭 줄일 수 없다는 걸 알 수 있다. 사람들의 행동이 마찬가지로 중요한 것이다. 시민들이 에너지 사용량을 줄이는 실천에 나서야만 한다. 예컨대, 공간을 덜 데우고, 더 적은 거리를 이동하는 등의 방안이 있다.

에너지 소비량을 줄일 수 있는 방안을 우리는 이 장에서 세 가지로 분류해 보았다. 행동 관련 방안과 조직적 방법은 생활수준을 크게 저하시키지 않고도 전체 소비량을 각각 10퍼센트씩 줄일 수 있다. 이보다 더 많이 절약하려면 투자를 해야 한다. 행동을 바꿔서 에너지를 절약하는 시도는 사람들이 원하기만 하면 비교적 단기간에 성과를 낼 수 있다. 그러나 기술을 바탕으로 에너지 효율을 높이는 노력은 장비나 장치의 수명과 결부된다. 자동차나 가전제품의 경우 8년, 건물의 경우 30년처럼 비교적 오랜 세월에 걸쳐서만 에너지 효율을 향상시킬 수 있는 것이다.

에너지를 절약하고, 에너지 효율을 증대하려면 개별적인 조치 수백만 가지가 필요하다. 그 각각의 시도와 노력은 정치적으로 전혀 돋보이지도, 눈에 띄지도 않는다. 에너지 절약을 지원하는 정책이 재생 가능 에너지 개발보다 정계에서 덜 각광 받는 이유는 바로 여기에 있다.

15 수력 전기와 바이오매스

자연은 물을 증발시키는 데 태양으로부터 들어오는 에너지의 4분의 1을 사용한다. 물은 비나 눈의 형태로 다시 지표에 도달해 강으로 흘러든다. 강물의 운동에너지를 이용해 발전기를 돌려서 전기를 생산할 수 있는 것이다. 수력은 중세 시대부터 물방앗간 및 기계적 추진 시스템에 활용되었다. 전기 현상을 알게 되고, 전기를 사용하게 되면서 수력은 확고한 에너지원으로 자리를 잡았다. 오늘날에도 수력 전기는 변함없이 사용되고 있다.

반면 지구에 비치는 햇빛 가운데서 광합성으로 바이오매스(생물량)를 구축하는 데는 불과 1퍼센트가 사용된다. 바이오매스에는 탄소 성분이 약 50퍼센트 들어 있다. 전 세계를 평균하면 산림이나 농지 1헥타르당 매년 약 12톤의 건조 바이오매스가 자란다. 1헥타르는 100미터×100미터로, 약 2와 2분의 1 에이커이다. 인류는 태곳적부터 바이오매스를 먹이 사슬과 땔감, 그러니까 에너지원으로도 활용했다. 오늘날의 우리는 최신의 기술 공정을 바탕으로 온갖 종류의 바이오매스를 가스화해 시장에서 팔 수 있는 에너지원으로 만들 수 있고, 또 저장이 용이한 에너지로 액화하는 것도 가능하다. 바이오매스는 이런 형태들로 운송 부문에 사용된다. 이하에서 그 자세한 내용을 살펴보도록 하자.

수력 전기

오늘날 수력은 거의 전적으로 전기를 생산하는 데 사용된다. 물의 운동에너지가 터빈을 구동한다. 터빈은 발전기에 기계에너지를 공급한다. 그렇게 해서 전기가 생산된다. 결국 물의 표고 차에서 발생하는 위치에너지가 이용되는 셈이다. 고지대에 비가 오거나 산악 지역에 눈이 오고 녹은 다음 흐른다는 사실에서 물의 표고 차가 발생한다. 상황이 이렇기 때문에 수력 발전 시스템의 전기 생산량은 믿을 수가 있다. 적어도 수력 전기는 최소 발전량을 예상할 수 있다는 얘기이다. 수력 전기는 소비자들에게 믿고 공급할 수 있는 확실한 에너지원이다. 강에 설치된 수력 발전 시스템을 기술 용어로는 "수로식"run-of-river 발전소라고 한다.

수로식 발전 시스템은 투자 비용 면에서 상당히 비싸다. 토사를 대량으로 운반해야 한다. 대형 콘크리트 구조물을 설치하는 것도 필수다. 건설 비용과 발전량을 따져보면, 이 시스템은 무연탄 화력 발전소보다 4~8배 더 비싸다. 그러나 수력 발전소에는 장점도 있다.

수명이 아주 길고, 유지 운영 비용이 싼 것이다. 긴 안목으로 보면 수력 발전소가 더 경제적인 발전 시스템이다.

수력을 이용하는 두 번째 방법은 양수 발전이다. 일단은 높은 데 있는 저수조로 물을 퍼 올려야 한다. 저수조 주변으로 배수 지역이 비교적 넓은 강과 하천에서 물을 끌어올 수 있다. 이들 물줄기에서 사용할 수 있다고 물을 몽땅 가져올 수는 없다. 유지 보존이 중요하기 때문에 흔히 80퍼센트 정도만 취수한다. 저수조를 만드는 이유는 두 가지이다. 첫째, 저수조는 물의 위치에너지를 저장해 준다. 이 위치에너지는 언제라도 꺼내서 활용할 수 있다. 물을 흘리면서 발전기를 돌리면 전기를 생산할 수 있는 것이다. 예컨대, 봄철 해빙기에 물을 끌어다가 가을에 전기를 생산할 수 있다. 둘째, 이 저수조에는 급하게 생기는 최대 전기 수요를 충족해 줘야 하는 임무가 있다. 산업 공장과 개인 가구 들은 24시간 내내 똑같은 비율로 전기를 필요로 하지 않는다. 공장은 밤에 가동을 중단하고, 장비는 밤에 꺼놓는다. 요리 기구는 낮 시간 동안에만 사용된다. 사람들은 저녁에 일터에서 집으로 돌아와, 세탁기와 건조기를 돌리고, 텔레비전을 켠다. 하루의 특정 시간대에 전기 소비량이 추가로 늘어나는 것이다. 발전소들은 이때 전기를 더 많이 생산해야만 한다. 굵직한 스포츠 행사 중의 휴식 시간 때 이런 최고점 소비를 극명하게 파악할 수 있다. 스포츠 팬들이 해당 경기를 시청하는 동안 아파트는 어둡고, 대부분의 전기 기구는 꺼져 있다. 그런데 중간 휴식 시간이 시작되면 거실의 전등이 켜지고, 냉장고의 문이 열리며, 욕실의 변기가 사용된다. 독일 전역의 아파트 2000만 가구에서 동시에 이런 일이 일어나기도 한다. 전기 수요가 불과 수 초 만에 급격하게 치솟는 것이다. 이때 양수 발전소가 기술적 해결책이 되어준다. 신속하게 추가로 전기를 공급해 주는 것이다. 터빈 앞에 설치된 밸브를 열면 2분 안에 터빈이 회전하면서 발전기가 전기를 생산한다. 전기를 신속하게 생산할 수 있는 다른 방안으로는 가스 터빈이 있다. 예컨대, 비행기에서 흔히 볼 수 있는 그런 종류이다. 가스 터빈도 신속하게 가동을 시작해, 이런 급작스러운 수요 폭증 사태에 대처할 수 있다.

끌어와 사용할 수 있는 자연 조건의 물이 거의 없는 곳에서는 다른 종류의 양수 발전소를 설치해 활용한다. 이때는 저수조가 두 개 건설된다. 하나는 계곡, 나머지 하나는 산 정상에 지어진다. 거기 담긴 물을 활용해 전기를 생산하는데, 전기가 많이 필요할 때면 상부 수조의 물을 하부 수조로 흘려서 발전을 한다. 그리고 전기 수요가 적을 때, 예컨대 밤 시간에 배전망에서 전기를 가져다가 다시 물을 퍼 올린다. 이렇게 가동 운영되는 대규모 양수 발전소의 대표적인 사례로 룩셈부르크의 비앙덴과 독일 튀링겐 주 골디스탈이 있다.

이들 대형 양수 발전 시스템의 가동 현황표를 살펴보면 주로 낮 시간에 활발하게 운영됨을 알 수 있다. 물론 24시간 내내 50번 발전을 하고, 다시 50번 물을 퍼 올리는 것도 전혀 불가능한 일은 아니다. 이 발전소들은 수요량의 최대치를 충족해 준다는 앞에 설명한 이유 말고도 또 다른 목적이 있다. 사실 전기 소비자는 물리적인 이유로 그냥 전기에너지뿐만 아니라 다음 두 가지 형태의 전기에너지도 필요로 한다. 스토브에서 열을 만들어내는 것과 같은 유효 전력 effective power이 그 하나요, 동력 천공기를 구동하는 것과 같은 운전 전력이 나머지 하나다. 동력 천공기가 회전하려면 자기장이 만들어졌다가 다시 사라져야만 한다. 무효 전력reactive power을 사용할 수 있어야만 한다는 얘기이다. 발전기는 소비자가 요구하는 양만큼 항상 이것도 제공해야 한다. 양수 발전소는 빠르게 반응할 수 있기 때문에 빈번하게 이 목적에 사용된다.

수로식 발전소는 에너지를 생산하지만 수요량의 최대치를 충족해 줄 뿐인 양수 발전소는 물이 상부 저수조로 전혀 유입되지 않기 때문에 사실상 에너지를 소비하는 설비이다. 전기를 사용해서 산 정상으로 물을 퍼 올려야 하는데, 아마도 그 전기는 석탄을 태우는 화력 발전소에서 만들어졌을 것이다. 펌프는 손실 없이 작동할 수가 없다. 펌프와 파이프의 전기 추진 또한 손실이 없지 않다. 정상의 물이 다시 하부 저수조로 흘러내려 갈 때도 파이프 내부의 마찰력 때문에 에너지가 손실된다. 이 과정에서 물이 터빈을 돌리지만, 역시 손실이 없지 않다. 이어서 발전기가 돌아간다. 다시금 손실이 발생한다. 펌프를 가동하기 위해 배전망에서 끌어온 전기 100kWh당 20kWh가 물리학의 법칙에 따라 쓸모없는 열로 변환된다. 결국 하루의 다른 시간대에 나머지 80kWh가 이 현대적 시스템의 발전기에 의해 전기의 형태로 배전망에 유입된다.

오늘날의 기술 수준에서 양수 발전소는, 위치에너지라는 에움길을 활용하기는 하지만, 전기에너지를 대량으로 저장할 수 있는 유일한 방법이다. 다른 어떤 수단도 이렇게 거대한 규모로 에너지를 저장할 수 없다. 우리가 재생 가능 에너지원 활용의 맥락에서 양수 발전소를 논의하는 것은 이 때문이다. 풍력 발전 전기를 사용해 상부 저수조로 물을 퍼 올릴 수 있을 것이다. 그렇게 하면 풍력 전기 공급을 수요와 분리하는 게 가능해진다. 풍력 상황이 크게 요동을 해서 기존 발전소들의 산출량이 급속하게 증대하거나 감소한다면 양수 발전소를 더 많이 지어서 활용할 수 있을 것이다. 그러나 바람의 품질이 좋은 곳은 양수 발전소의 최적 입지인 낮은 산악 지방에서 대개 멀리 떨어져 있다는 사실을 고려해야만 한다.

전 세계에서 생산되는 전기의 약 16퍼센트는 수력 전기이다. 일부 국가에서는 수력 전기가 가장 큰 비중을 차지하기도 한다. 노르웨이는 전기의 99퍼센트를 수력에서 얻는다. 브라질은 84퍼센트이고, 캐나다는 58퍼센트이다. 독일만 예외인데, 수력 발전 시설이 전체 전기 소비량의 4퍼센트 정도를 공급한다. 수력 자원을 추가로 개발할 여지도 거의 없다. 그러나 전 세계적으로는 아직도 수력 전기를 개발할 여지가 아주 많다. 반드시 수력 발전 시스템을 새로 건설해야 한다는 얘기는 아니다. 기존의 시설을 현대화하고 확장하는 것으로도 족하다. 예컨대, 라인 강 상류의 라인펠덴에 있는 수력 발전소를 개축하면 발전량이 26MW에서 100MW로 네 배 늘어날 것이다. 1990년대에 폐쇄되었던 다수의 소규모 수력 발전소가 재가동되었다. 현재 독일에서는 소규모 수력 발전소가 6,800개 정도 가동되고 있다. "소규모"란 발전량 1MW 미만을 가리킨다. 그러나 독일에서 수력 전기가 차지하는 비중 4퍼센트의 월등히 많은 몫은 이렇게 사사로이 운영되는 소규모 시스템이 아니라, 더 커다란 강들에 자리를 잡고서 전기 회사들에 의해 운영되는 120개의 대규모 수력 발전소에서 나온다. "대규모"란 1MW 이상의 전기를 생산한다는 의미이다. 대형 발전소는 규모가 크고, 사용할 수 있는 물의 양이 많기 때문에 연간 수력 전기 생산량의 80퍼센트를 공급한다.

세계적 기준에 비추어보면 독일의 "대규모" 수력 발전소들은 소규모로 전락한다. 현대식 무연탄 화력 발전소에 설치되어 있는 발전기 한 대의 용량은 700MW이다. 이론적으로 볼 때 이 발전기는 도시 주민 약 70만 명의 요구량을 충족해 줄 수 있다. 몰타와 오스트리아 카프룬에 있는 수력 발전소의 발전량이 이 정도 수준이다. 그러나 독일에서 가장 커다란 수로식 수력 발전소도 발전량이 이 수준의 20퍼센트에 불과하다. 이는 전적으로 이용할 수 있는 물의 양과 확보 가능한 낙차 때문이다. 라인 강 상류와 같은 강들에는 작은 발전소들이 차례로 줄지어 늘어서 있다. 모젤 강과 기타 강들에는 갑문閘門이 있다. 배들이 둑으로 막아놓은 물의 표고 차를 극복할 수 있는 장치 말이다. 일부 강들은 일단 이 수단으로 항행만 가능하게 해놓고 있다.

독일 기준에서 봤을 때 진짜로 거대한 발전소들은 세계의 다른 곳들에 지어져 있다. 세계 최대의 수력 발전소들로는 중국의 산샤Three Gorges, 三峽 댐 프로젝트, 브라질과 파라과이 국경의 이타이푸 댐, 시베리아의 몇몇 댐들(예컨대, 브라츠크에 있는)이 있다. 이런 대형 댐들은 석탄 화력 발전소 한 곳에서 생산되는 전기의 15배를 산출한다. 이타이푸의 발전량이면 벨기에와 룩셈부르크 전역에 전기를 충분히 공급할 수 있다. 이런 대규모 수력 발전 시스템들은 자연은 물론이고, 사람들의 생활 공간에도 커다란 영향을 미친다. 언론 보도에 따르면 중국의 산샤 댐 프로젝트로 인해 100만 명이 소개疏開되었다. 이렇게 많은 물을 저장하게 되면 둑의 벽이 터졌을 경우라는 위험도 고려하지 않을 수 없게 된다. 엄청나게 광범위한 지역이 침수되고, 많은 사람이 위험에 빠질 수도 있는 것이다. 이런 규모라면 지역에서 활용되는 재생 가능 에너지라도 더 이상 환경적으로 중립적이지 않다. 독일에 건설된 수로식 수력 발전소들조차 생태적 보상 조치가 무수히 요구된다. 자연에 가까운 인공 어로 및 산란 환경 조성, 범람원에 삼림을 만드는 것 등이 그런 조치들에 해당한다.

수력 전기는 전 세계적으로 전기의 미래에 새로운 잠재력과 가능성을 제공해 주고 있다. 수력 전기에는 자원을 추가로 소모하지 않고(물은 흙과 다르다), 공기 오염 물질이나 온실가스를 배출하지 않는다는 특장점이 있다. 수로식 발전소는 물의 최소량을 예측해 확보하는 게 가능하고, 소비자 수요의 변동에 따라 요동치는 배전망에 수력 전기를 붙들어 연결하기가 쉽다. 수력 전기는 저장할 수 있다는 것이다.

바이오매스

발전도상국들의 농촌에 에너지를 공급하는 사안에서 나무가 차지하는 중요성은 앞에서 살펴봤고, 따라서 여기서는 다루지 않겠다. 그보다는 선진국과 신흥 시장 국가들의 에너지 공급에서 바이오매스가 가지는 잠재력을 살펴보는 게 이 절의 과제이다. 나무 말고도 바이오매스는 많다(그림 14). 농산물 쓰레기, 음식 찌꺼기, 쓰레기 매립지의 오물 가스가 다 바이오매스이다. 다양한 공정을 통해 여러 바이오매스를 가스와 알코올과 기름으로 바꾸어낼 수 있다.

바이오매스가 다양한 에너지 공급 분야에 응용될 수 있는 이유이다. 예컨대, 가스는 농장과 가까운 건물들을 난방하는 데 연료로 사용할 수 있다. 바이오가스는 메탄 50~70퍼센트, 이산화탄소 30~40퍼센트, 황화수소, 수소, 질소, 일산화탄소 약간으로 구성되어 있다. 이런 화학 조성 때문에 기존 천연가스 공급 시스템에 추가 구성물로 주입하는 것도 가능하다. 알코올은 화학 산업의 원료로 사용할 수 있을 뿐만 아니라 교통 부문의 특수 차량들에도 집어넣으면 운행이 가능하다. 예컨대, 브라질은 1980년대에 대규모 에탄올 정책에 착수했다. 짐작할 수 있듯이, 원인은 유가 상승이었다. 에탄올은 재식농장의 사탕수수에서 얻었다. 한창 때는 브라질에서만 2000만 대 이상의 차량이 에탄올로 운행됐다. 그러나 새 천년이 도래하는 시점쯤에 석유의 세계 시장 가격이 하락하면서 에탄올로 운행되던 차량의 대수가 다시 감소했다. 사탕수수를 재료로 에탄올을 만드는

바이오매스의 종류	마른 쓰레기 (나무, 짚, 생활쓰레기)		젖은 쓰레기 (거름)		당분 · 전분 · 리그닌을 함유한 식물	식용유를 채취할 수 있는 식물
변환 공정	직접 연소	가스화 또는 가스 제거	무기(無氣) 발효■	생물학적 산화■	피셔-트롭쉬 공정	추출 및 압착
제품 (에너지원)	연료 가스	탄화 가스■	바이오 가스	열	알코올, 디젤	식물 기름
사용 분야	동력 열	동력 열 화학 산업	동력 열 화학 산업	열	동력 열 화학 산업	동력 열 화학 산업

그림 14 각종 바이오매스가 다양한 에너지원으로 변환되는 과정

물리적 · 화학적 변환 과정에는 상당한 수준의 지식과 정보가 필요하고, 효율적인 공정 제어도 필수다. 이 분야에 요구되는 연구와 개발 역시 아직 충분히 이루어지지 않았다. 바이오매스를 사용하는 활동은 환경에 중립적이지 않다. 석탄과 석유를 땔 때 공기 오염 물질이 발생하는 것처럼 바이오매스에서 나오는 공기 오염 물질도 종말 처리 기술로 최소화해야만 한다.

바이오매스를 활용하는 전 과정에서 가장 많은 비용이 들어가는 항목은 변환 재료로 사용할 바이오매스를 수거하는 일이다. 나무와 농산물 쓰레기를 모으는 작업은 노동 집약적이고, 흔히 장거리를 이동해야 한다. 비싸다는 얘기이다. 숲에 쓰러져 있다고 해서 모든 나

무를 다 가져다가 바이오매스 발전소에서 태울 수 없는 것은 그래서다. 선진국들의 조건을 감안하면 이는 너무 비싸다. 게다가 생태적인 이유로 일정량의 바이오매스는 반드시 숲에서 썩도록 내버려둬야 한다.

각급 기관들이 철저하게 조사한 결과는 바이오매스에 다음과 같은 잠재력이 있음을 만장일치로 승인했다. 유럽 전체에서 현재 필요한 1차 에너지 총량의 약 10퍼센트는 바이오매스를 활용해 충당할 수 있다.

이 수치를 구체적으로 실감하려면 예를 몇 개 들어야 할 것 같다. 독일에서 활용 가능한 바이오매스의 절반을 사용해 발전을 할 수 있다면 현재 전기 소비량의 약 10퍼센트를 담당할 수 있다. 이는 수력 전기의 두 배에 해당한다. 나머지 절반을 연료 생산에 투입하면 약 700만 톤의 휘발유와 디젤유를 대체할 수 있다. 이 값은 앞에서 언급했듯이 현재 연료 소비량의 12퍼센트이다. 바이오매스를 사용해 얻을 수 있는 결정적 특장점 한 가지는 수력 전기와 비슷하다. 바이오매스 에너지는 기존의 에너지 공급 체계에 쉽게 통합할 수 있다. 마찬가지로 저장할 수 있다는 특성 때문이다.

바이오매스를 사용하는 한 가지 방법은 휴경지에 에너지 작물 농원을 만드는 것이다. 에너지 원료로 억새나 품질이 좋지 않은 곡물 유형의 빨리 성장하는 식물들을 심을 수 있다. 억새miscanthus는 "이-그래스"E-grass라고도 하는 일종의 갈대이다(원래 이-그래스라는 말은 다른 식물인 부들elephant grass을 가리켰지만, 억새를 바이오매스로 사용하는 일이 많아지면서 이제는 "에너지 그래스"energy grass를 뜻하게 됐다). 실험 결과에 따르면 헥타르당 연간 17톤의 이-그래스를 거둬들일 수 있다. 경작과 수확에 요구되는 에너지를 차감하면 최종적으로 연료유 5,600리터에 해당하는 에너지가 산출된다. 그러나 곡물 작물의 산출량은 이-그래스 산출량의 3분의 2에 지나지 않는다. 헥타르당 연간 11톤이 약간 넘는 양을 거둬들일 수 있을 뿐이고, 연료유 환산치는 약 3,000리터이다.

곡물 작물을 재배한다고 했을 경우 오늘날 주택을 석유로 난방하고, 당연히 석유 제품을 집어넣고 차를 운전하는 가정이 바이오매스로 연간 석유 소비를 대체하려고 할 때 약 1헥타르의 농지가 필요하게 된다. 독일의 가구 수를 2000만으로 계산하면 20만 제곱킬로미터의 면적, 곧 독일 국토의 약 56퍼센트를 잡아먹는다. 이 수치로 보건대, 바이오매스 활용은 아주 제한적일 수밖에 없다. 바이오매스 작물을 키우려면 단작 농업 방식을 쓸 수밖에 없다는 사실도 고려해야 한다. 그런데 단작 농업 방식은 해충의 공격에 아주 취약할 뿐만 아니라 땅의 생산성을 유지하기 위해 합성 비료를 대량으로 투입해줘야 한다. 환경의 관점에서는 그 어떤 것도 무비판적으로 볼 수 없는 활동들이다.

또 다른 예를 통해 바이오매스의 에너지 밀도를 알아보도록 하자. 바이오가스로 난방을 하고 차를 운전하는 데 필요한 에너지량을 충족하기 위해 가구당 몇 마리의 소가 있어야 하는지 묻는 질문에 대한 대답이라고 할 수 있다. 1세제곱미터의 바이오가스에는 연료유

0.6리터 정도의 에너지가 들어 있다. 약 5,000세제곱미터의 바이오가스가 필요하다는 얘기가 된다. 소 한 마리는 하루에 10~20킬로그램의 똥을 생산한다. 1~2세제곱미터의 바이오가스를 만드는 셈이다. 1년이면 소 한 마리가 연료유 330리터에 상당하는 에너지를 생산한다. 소 아홉 마리면 가구에 충분한 에너지를 공급할 수 있다. 흥미를 느낀 독자가 한 발 더 나아가 1년 동안 이 아홉 마리의 소를 먹이려면 얼마만큼의 목초지가 필요한지를 계산하고 있을지도 모르겠다. 첫 번째 예에서 곡물 작물을 재배하는 데 필요했던 토지 면적보다 훨씬 더 넓을 것임에 틀림없다. 소가 효율이 아주 형편없는 "에너지 변환 기계"이기 때문이다. 물론 소한테는 이를 벌충해 주는 다른 좋은 특징들이 아주 많지만 말이다.

목재 펠릿wood pellet도 열 시장에서 안정된 지위를 얻고 있다. 담배 필터 모양의 목재 펠릿은 발열량이 높고, 재도 며칠에 한 번씩만 제거해 주면 된다. 목재 펠릿은 석유 및 가스 난방 시스템만큼이나 편리하고, 특히 다가구 주택에서 사용하기에 제격이다. 그런데 목재 펠릿은 생산이 얼마 안 돼 가격이 비싸다.

요약해 보자. 중부 유럽에서 활용 가능한 바이오매스의 잠재량은 현 시기 에너지 소비량의 10~20퍼센트 정도이다. 그러나 이 수치는 이론적 가능성일 뿐이다. 다른 에너지원들과 비교해 무슨 수를 써도 수지가 맞게 개발할 수 없기 때문이다. 지출 측면에서는 바이오매스 수거 비용을 최대한 싸게 유지하는 게 중요하다. 공급 측면에서는 엄청나게 다양한 바이오매스를 활용할 수 있다. 바이오매스를 직접 열로 바꾸거나, 가스, 알코올, 또는 기타 유제품으로 변환하는 좀 더 원숙한 기술 공정 역시 다양하게 개발되어야 할 것이다.

16 태양에너지와 풍력에너지

수력 전기를 제외하면 태양열과 풍력에너지가 전 세계적으로 가장 널리 활용되는 재생 가능 에너지이다. 태양에너지가 사용 가능한 에너지로 변환되는 방식은 제각각이다. 태양열 복사가 집열기에 흡수되어 물과 같은 매질을 데우거나, 태양 복사를 구성하는 광자들이 하전 입자들을 운동시켜 반도체에서 전기를 만들어내는 데 사용되기도 한다. 후자의 과정을 "광전 변환 공학"photovoltaics이라고 한다.

풍력에너지는 과거에 주로 급수 펌프에 사용되었다. 서양 사람이라면 느리게 돌아가던 수차가 떠오를지도 모르겠다. 이렇게 퍼 올린 물은 탱크에 보관했다가 증기 기관에 급수했다. 현대의 풍력 발전기는 나중에 개발되었다. 이 장비는 발전기를 구동해, 전기를 생산할 수 있다. 풍력 발전기는 오늘날 전 세계에서 거의 전적으로 발전을 하는 데만 사용된다. 이런 재생 가능 에너지 활용 기술들을 좀 더 자세히 살펴보도록 하자.

태양 전지판

태양열 집열기solar energy collector는 구조가 간단하다. 태양 입사 광선을 흡수해, 그 에너지로 물을 데우는 것이 이 집열기의 임무다. 태양열 복사가 강렬한 세계의 여러 지역, 곧 지중해 지방과 인도에 가장 간단한 시스템들이 존재한다. 검정색 금속 박판들에 관이 붙어 있고, 물이 관을 통과해 탱크로 들어간다. 흡수 장치라고 하는 금속 박판이 복사에너지를 열로 바꿔, 그 열을 물로 전달한다. 데워진 물은 탱크에서 빼낼 수 있고, 동시에 찬 물이 시스템에 급수되어 다시 데워진다.

이런 간단한 시스템을 독일이 위치한 위도에서 활용할 수 없다는 건 불행이다. 태양 복사가 강렬하지 않기 때문이다. 독일에서는 검정색 흡수 장치가 평판식 태양열 집열기로 대체되어야 한다. 평판식 태양열 집열기는 상자 모양으로 생겼는데, 중앙에 집열기의 본체가 들어가 있다. 뒤쪽을 보면, 열 손실을 차단할 목적으로 단열층이 대어져 있다. 태양을 면하는 쪽으로는 한 개 또는 두 개의 유리판이 집열기 위로 설치된다. 시스템은 이를 바탕으로 더 효과적으로 작동할 수 있다. 흡수 본체가 데워지는 과정에서 복사로 인한 에너지 손실이 더 적기 때문이다. 이 시스템을 활용하면 이론상 최대 온도 섭씨 120도까지 얻을 수 있다. 그러나 실제에서는 이 온도가 바람직한 온수 온도 수준으로 낮게 유지된다. 시스템이 가장 에너지 효율적으로 작동하는 온도는 섭씨 60도이다.

원리만 들어보면 아주 간단할 것 같지만 이를 기술적으로 실현하려면 그만큼 더 독창적이고 정교해야 한다. 흡수 본체와 유리 덮개는 소재가 간단치 않다. 흡수 장치가 가시광선 스펙트럼을 최대한 많이 흡수할 수 있도록 코팅을 해야 하는 것이다. 추가로 선택적 코팅을 하면 적외선 범위의 복사 손실도 줄일 수 있다. 유리판에도 똑같은 얘기를 할 수 있다. 유리 덮개는 입사 광선을 투과시키고, 그 빛을 최대한 적게 반사해야 한다. 흡수 장치가 반사하는 적외선 복사를 다시 흡수 장치 쪽으로 반사시키는 것도 필수다.

이 모든 요구 사항은 최첨단 기술을 필요로 한다. 이처럼 집열기는 대단한 기술이 요구되는 제품일 뿐만 아니라 제조하는 데 돈도 많이 들어간다. 만약 당신이 하고자 하는 게 마당의 수영장에 따뜻한 물을 채우는 정도라면 아주 간단한 시스템만으로도 충분하지만 말이다. 독일이 위치한 위도에서도 말이다. 그러나 불행하게도 활용 가능한 복사량이 1년 내내 충분한 것은 아니어서 태양열 집열기를 사용해 우리가 필요로 하는 온수를 사시사철 쓸 수는 없다. 예컨대, 단독 주택에 사는 4인 가구가 비용을 최적화해 갖춘 시스템 내역을 보면, 집열기 설치 면적 약 6제곱미터와 물 300리터가 들어가는 탱크로 구성된다. 그러면 우리가 필요로 하는 연간 온수량 절반 정도를 데울 수 있다. 나머지 열은 기존의 난방 시스템으로, 그러니까 보일러나 다른 전기 히터로 얻어야 하는 것이다. 이 태양열 집열 시스템은 조립 설치까지 포함해 시장 가격이 약 5,000유로이다. 시스템의 수명을 20년으로 가정하면 구매 사용자는 매년 250유로씩 지출하는 셈이다. 기업의 재무 담당 이사라면 그 돈을 태양열 시스템에 투자하지 않고 은행에 예치했을 때 발생하는, 사실상 증발해 버린 이자를 떠올릴 수도 있을 것이다. 아무튼 태양에너지가 물을 데워주기 때문에 매년 연료유 200리터나 천연가스 200세제곱미터를 절약할 수 있다. 이 시스템이 2008년 중반에 대종을 이루었던 석유 리터당 90센트라는 에너지 가격으로 아직까지는 분할 상환될 수 없다는 게 분명하다. 그럼에도 태양열 난방 시스템이 독일에만 약 100만 개 설치되어 있다. 이상주의와 더불어 이 신기술에 제공된 정부 보조금 덕택에 이런 시장 상황이 형성된 것이다.

태양광 발전소

지구에 도달하는 태양 복사에너지 가운데 평행 복사parallel radiation로 도달하는 부분은 거울을 사용해 한 점에 모을 수 있다. 평행 복사에너지로는 더 높은 온도를 얻을 수 있고, 직사광선의 비율이 높아 태양 자원이 풍부한 지역에서는 이 평행 복사에너지를 사용한다. 1984년부터 1991년까지 캘리포니아에 태양열 농장이 아홉 개 건립되었다. 타원형의 반죽 그릇 같은 거울들이 넓은 들판을 뒤덮었다. 복사에너지가 집중되는 타원의 초점부에 흡수 장치 관이 설치된다. 흡수 장치 관을 흐르는 열유熱油, thermo-oil[수증기 대신에 사용하는 열 전달 유체-옮긴이]는 섭씨 400도까지 데워진다. 이 온도면 보일러의 물을 충분히 수증기로 만들 수 있고, 기존의 시설에 주입해 발전을 하는 것도 가능하다. 이런 식으로 하면 입사되는 태양에너지의 15퍼센트 이상을 전기로 바꿀 수 있다.

나머지 에너지는 거울에서 사라지거나, 물리학의 법칙이 증기 터빈에서 작동하는 방식으로 인해 전기로 바뀔 수가 없다. 이른바 "카르노의 한계"Carnot limitation라는 것이다. 캘리포니아의 시스템은 상업적으로 건설되었고, 오늘날까지도 수지를 맞추며 가동되고 있다. 이 태양광 발전소들은 낮 동안 전기를 생산하고, 사전에 협의한 양을 반드시 송전해야만 한다. 이곳들에 열유 저장 탱크나 추가로 천연가스를 태우는 연소기가 갖추어진 이유이다. 그러나 이 지역은 태양 복사 상황이 좋기 때문에 이런 보완 시스템은 전체 발전량의 15퍼센트 이하만을 담당한다. 현대식 무연탄 화력 발전소에 설치되는 발전기 한 대의 산출량 절반 정도를 공급하는 350MW급의 태양광 발전소가 로스앤젤레스 남동부에 설치되어 있다. 천연가스 가격이 하락하고, 세금 인하의 가능성도 사라지면서 1990년대에 이 기술은 더 이상 경쟁력을 갖지 못하게 됐다. 당연히 추가 개발 계획도 중단되었다. 새로운 시스템을 건설하는 프로젝트가 다시 시작된 건 2005년 들어서였다. 네바다의 보울더시티에 건립된 새 발전소가 2007년에 가동을 시작했다. 2008년에는 에스파냐에서도 태양광 발전소가 문을 열었다. 에스파냐에서는 태양광 발전소가 두 군데 더 건설 중이다.

같은 목표를 추구하는 것으로 태양열 탑 시스템solar-tower system이라는 흥미로운 설계안도 있다. 미국 · 프랑스 · 일본, 이탈리아 ·

러시아, 에스파냐 알메리아에 있는 유럽 태양에너지응용시험센터 European Test Center for Solar Energy Applications의 견본 시제품들이 대표적이다. 태양열 탑 시스템을 채택한 이들 시험 발전소가 여전히 다 가동 중인 것은 아니다. 이 기술에서는 이른바 해바라기형 평판 거울들이 50~100미터 높이의 탑 주위에 설치된다. 거울들은 태양의 이동 경로를 추적해, 입사되는 태양에너지를 탑의 끝 부분으로 정확히 반사한다. 열 교환기인 그곳의 리시버receiver로 태양에너지가 집중되는 것이다. 열 교환기는 이 에너지를 차가운 매질로 전달한다. 매질은 시스템에 따라 다른데 공기나 나트륨이나 물이 사용된다. 그다음으로 또 다른 열 교환기에서 수증기가 만들어지고, 이 수증기가 터빈을 돌려서 전기를 생산한다. 이 기술이 태양열 농장 시스템보다 나은 점은 증기 순환 회로에 더 높은 온도를 제공해, 에너지 효율이 더 높다는 것이다. 그러나 이 기술은 오늘날까지도 견본 시제품 단계를 벗어나지 못하고 있다. 에스파냐에서 새로운 시설이 두 군데 건설 중이기는 하다. 태양열 탑 시스템은 15년 넘게 사용되고 있는 태양열 농장 기술과도 경쟁해야만 한다.

그 당시에 캘리포니아에서 태양열 기술을 활용해 발전을 했던 것은 여름철 에어컨 사용으로 인해 낮 동안 늘어난 전기 수요량을 맞추기 위해 발전소가 추가로 필요했기 때문이다. 태양에너지 공급과 전기 수요가 멋들어지게 맞아떨어졌던 것이다. 반면 중부 유럽에서는 이런 행복한 경험이 반복되지 않는다. 독일에서 전기 수요가 가장 많아지는 때는 겨울철이다. 겨울에는 여름보다 태양에너지를 활용하기가 일반적으로 더 여의치 않다. 태양에너지 시스템이 기존의 배전망에 연결되어 있다면 풍력에너지의 경우와 똑같은 문제가 발생할 것이다. 공급이 요동을 치기 때문에 시스템이 제공하는 전기는 믿을 수 없게 된다. 꼭 필요할 때 사용하지 못할 수도 있는 것이다. 이 기술로 석유와 석탄과 천연가스를 아낄 수 있음에도 불구하고 발전소를 추가로 건설하는 걸 중단할 수가 없는 이유이다. 만일의 경우에 대비해야만 하기 때문이다. 태양광 발전소를 전기에너지 공급망에 포함시키는 일이 비용 측면에서 아주 비싸고 어렵기 때문에 오늘날까지도 이 노력은 시도되지 않고 있다.

광전 변환 공학

빛을 흡수하면 고체에서 전류가 발생하는 걸 광기전 효과 photovoltaic effect라고 한다. 광기전 효과는 약 170년 전에 발견되었다. 광전 변환 전지*는 두께가 다 해봐야 0.3밀리미터 정도인 아주 얇은 반도체 층 두 개로 구성된다(그림 15). 두 개의 반도체는 다양한 원소들의 원자로 서로 다르게 "오염되어"[불순물을 첨가한다는 의미-옮긴이] 있다. p-형 층에서는 이로 인해 결합이 유리되어 있다. 전자가 그 자리를 차지할 수 있는 것이다. n-형 층에는 실리콘 원자들의 결합에 사용되지 않는 전자가 추가로 존재한다. 이 전자는 별도의 에너지가 거의 없어도 방출되어, 자유롭게 이동한다. 그 결과 반도체의 두 층 사이 경계면에서 전기장이 구축된다. 입사 광선에

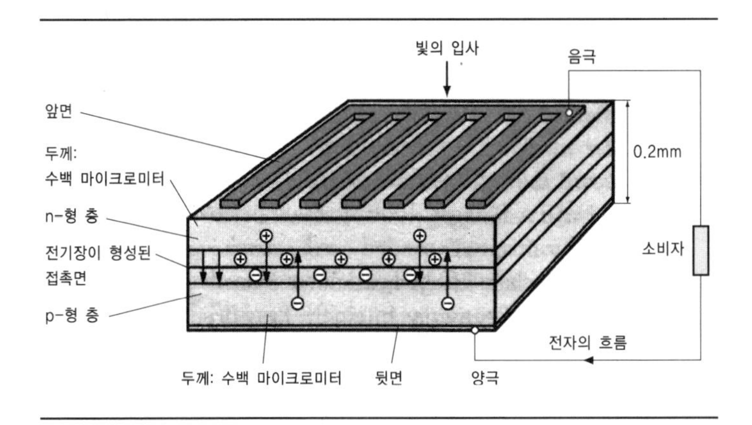

그림 15 실리콘 광전지의 발전 모식도

의해 에너지 상으로 자유롭게 기동할 수 있게 된 전자들이 이제 전기 회로를 통해 바깥으로 움직일 수 있게 된다. 입사 광선의 에너지로 전기에너지가 만들어진 셈이다. 광전 변환 설비에는 기계적 구동부가 전혀 없고, 소음이 전무하며, 전혀 마멸되지 않는다는 매력적인 특성이 있다.

광전지의 소재로는 다양한 형태의 실리콘이 선호된다. 고품질의 단결정 실리콘, 다결정 실리콘, 비결정질 실리콘이 대표적이다. 다른 반도체 화합물도 있다. 갈륨비소GAs, 구리인듐디젤나이트copper indium diselenite : CIS가 그런 것들이다. 이 가운데 일부는 이미 시장에서 안정적 지위를 차지하고 있다.

이런 광전 변환 모듈은 사람들이 실리콘 층의 두께가 0.3밀리미터에 불과하다고 생각하면서 흔히 기대하는 것보다 약간 더 두껍고, 더 무겁다. 당연하다. 형태를 일정하게 고정 유지해야 하고, 접촉판과 접속 돌기를 붙여야 전기에너지를 사용할 수 있으며, 마지막으로 이 모든 걸 보호하기 위해 유리판 사이에 집어넣기 때문이다. 광전 변환 매트라는 제품도 있다. 비결정질 실리콘 소재의 광전 변환 매트는 뒷면이 약간 더 두꺼운 합성 소재로 되어 있고, 앞면은 투과성의 얇은 플라스틱 층이 보호대 역할을 한다. 광전 변환 매트는 기술이 고도로 발달한 원숙한 시스템이지만 목표까지는 아직도 갈 길이 멀다.

단결정 실리콘으로 제작된 최고 성능의 광전 변환 장치는 햇빛의 15퍼센트를 전기에너지로 바꾼다. 더운 여름날 정오에 태양 입사 광선의 에너지는 제곱미터당 열 에너지 약 1,100와트를 조사照射한다. 이 태양 전지는 165와트의 전기를 생산할 텐데, 이는 전구 세 개를 켤 수 있는 양이다. 1년 동안 지표면 1제곱미터에 태양에너지가 1,000kWh 조사된다면 발전량은 150kWh가 된다. 전기 제품을 중간 수준으로 갖춘 가구는 1년에 4,000kWh 이상의 전기를 사용한다. 광전 변환 장치로만 이 수요를 충족하려면 27제곱미터의 면적에, 관련 설비와 받침대 등을 포함해 실제로는 30제곱미터가 필요하다. 그러나 이런 가구라도 기존의 배전망을 차단할 수는 없다. 광전 변환 전기는 전적으로 태양 복사에 좌우되지만 집 안의 전기 소비는 다른 요인들을 따르기 때문이다. 태양 전지판을 설치하는 데 필요한 공간은 중요한 요소가 아니다. 경험에 의하면 거의 항상 활용할 수 있는 공간은 충분했다. 단결정 실리콘 패널의 15퍼센트보다 효율이 상당히 낮은 광전 변환 장치가 유리할 수 있는 것은 이 때문이다. 이 문제는 결국 비용-편익 효율에 좌우된다. 비결정질 실리콘은 단결정 실리콘보다 더 싸게 생산할 수 있지만 입사 광선에서 얻어내는 전기에너지는 더 적다. 그럼에도 비결정질 실리콘은 비용-편익의 관점에서 좋은 대안이 될 수 있다.

광전 변환 시스템만으로는 소비자에게 필요한 전기를 안정적으로 공급할 수 없다. 전기를 저장하는 시스템이나 보조적인 전기 공급 시스템을 활용해야만 하는 것이다. 광전 변환 설비는 집 안의 전등 한두 개를 켜고, 발전도상국들에서 통신 기계, 냉장고, TV에 전기를 공급하는 데는 아주 적합하다. 전 세계적으로 16억 명이 여전히 배전망에 연결되어 있지 못하다는 사실을 떠올려보라. 이런 목적을 위해서라면 우리가 자동차에서 사용하는 것과 같은 배터리를 활용해 전기에너지를 저장할 수도 있을 것이다.

광전 변환 발전은 우리가 "벽에서" 얻는 전기와 비교해 값이 매우 비싸다. 규모의 경제를 실현한 메가와트 급의 대단위 광전 변환 시설도 여전히 킬로와트시당 35센트의 비용이 들어간다. 반면 벽에 설치된 콘센트의 전기는 킬로와트시당 18센트를 약간 상회하는 수준이다. 그러나 앞서 언급한 발전도상국들에서는 상황이 다르고, 그래서 계산법도 달라진다. 이곳에서는 태양 전지판이 대체하는 전기가 디젤 발전기에서 나오는 것일 수도 있다. 디젤유 1리터의 가격이 운송비를 포함해 약 1.50유로이고, 3~4kWh의 전기를 생산한다면 이 비용은 광전 변환 발전의 비용과 같거나 훨씬 더 비싸다. 이런 조건이라면 결국 광전 변환 설비가 더 경제적인 셈이다. 광전 변환 설비를 활용하는 사안은 많은 경우 저장 문제에 좌우된다. 소규모 발전량이 요구되는 시스템, 곧 텔레비전, 냉장고, 전등을 사용하는 데 광전 변환 설비가 가장 알맞은 이유이다.

여러 국가의 정부가 광전 변환 장치 개발을 재정적으로 지원했고, 전 세계적으로 태양 전지판이 꾸준히 늘어났다. 2007년에는 설치된 광전 변환 설비가 총 3.8GW의 전기를 생산했다. 냉큼 머릿속에 그려지지 않는 수치이므로 비교하는 방법을 써보도록 하자. 원자력 발전소 한 기는 1.3GW의 전기를 생산한다. 독일은 연중 가장 추운 날 80GW의 전기를 쓴다. 전 세계 발전소의 전기 생산 총량은 약 3,600GW이다. 그러나 광전 변환 전기를 최대로 생산할 수 있는 상황이 독일과 같은 위도에서는 연중 몇 시간뿐임을 잊어서는 안 된다. 근년의 온갖 성공 사례들에도 불구하고 광전 변환 설비가 여전히 전기 생산의 경관에서 경제적으로 "중요한 고려 단위"가 되지 못하고 있는 이유이다. 독일에 설치된 광전 변환 시스템의 발전량은 약 1퍼센트이다. 광전 변환 발전이 중요한 에너지 공급원으로 부상하는 열쇠는 선진국들에 있다. 이곳에서 추가로 기술 개발이 이루어져 광전 변환 설비의 제조 비용이 떨어져야만 하는 것이다. 시스템의 주변 장치들은 대개 이미 알고 있는 기술을 사용한다. 따라서 비용 감축의 가능성은 광전 변환 기술 자체에 있다. 정부 지원은 기술 개발을 가속화하고, 그 잠재력과 가능성을 열어젖힌다는 측면에서

의미가 있다. 시장을 나름으로 뒷받침해 산업적으로 중요한 능력을 유지해 주는 것도 이 정부 지원의 기능이다. 광전 변환 산업은 이렇게 해서 오늘날 경쟁력을 갖추고, 틈새시장에서 돈을 벌 수 있게 됐다.

요컨대, 에너지 산업에 대규모로 광전 변환 발전을 도입하는 것은 현재의 비용 수준으로는 불가능하다. 그러면 광전 변환 발전이 어느 정도의 재정 지원을 필요로 하는지 예를 통해 알아보자. 우리가 독일 전기의 10퍼센트를 광전 변환 발전으로 생산하고 싶어 한다고 가정해 보자. 독일의 태양에너지 복사 현황을 감안하면 50GW의 광전 변환 발전 능력을 갖추어야 한다. 50GW는 2007년 독일에서 가동된 발전소 전체의 발전 용량 절반에 해당한다. 이 수치가 놀랍다면 상기해야 한다. 독일의 조건에서는 평가 산출량이 1kW인 광전 변환 설비가 연간 1,000kWh 이하의 전기만을 생산할 뿐임을. 햇볕이 쨍쨍 내려쬐는 지구의 다른 지역에서는 그 두 배가 발전된다. 시스템이 이렇게 크면 투자 비용이 크게 하락하고, 발전 비용 역시 더불어서 감소할 것이라고 충분히 예상할 수 있다. 우리는 광전 변환 전기가 킬로와트시당 35센트라고 이미 말했다. 우리가 그 비용을 킬로와트시당 25센트까지 내릴 수 있다고 쳐보자. 그렇더라도 오늘날의 신형 발전소 발전 비용과 비교하면 우리는 여전히 킬로와트시당 약 20센트의 간극을 메워야 한다. 전체 발전량의 10퍼센트를 할당하기로 했으므로 광전 변환 설비에 대한 투자 기금이 연간 총액으로 100억 유로 더 조성되어야만 한다. 킬로와트시로 계산하면 몇 센트에 불과하다고 올바르게 이의를 제기하는 독자가 있을지도 모르겠다. 그러나 여기서는 이렇게 문제 제기를 해야 적절할 것이다. 더 적은 재원으로는 똑같이 환경을 보호하고, 자원을 절약하는 목표를 달성할 수 없는 것일까? 예컨대, 재원을 에너지 절약 조치들에 투자함으로써 말이다. 광전 변환 발전을 확대하기보다는 에너지 절약 조치들로 이산화탄소 감축이라는 환경 목표를 더 싸게 달성할 수 있을 것이다.

앞의 사례와 관련 논쟁 들이 21세기의 첫 10년간 벌어졌다. 이런 논쟁들은 20~30년 후면 더 이상 의미를 갖지 못할 것이다. 앞의 사례들에서 알 수 있듯이 에너지 경제에 유의미한 규모로 광전 변환 발전을 도입하는 것의 핵심은 화석연료의 가격 상승이 아니다. 화석연료의 가격이 상승하면 그 격차가 줄어들겠지만 그렇다고 똑같아지는 일은 없을 것이기 때문이다. 핵심은 광전 변환 발전의 비용을 줄이는 것이다. 향후 수십 년에 걸쳐 많은 방법들이 동원돼 이런 비용 감축이 현실화될 것이다.

풍력 발전

세계 수준에서 봤을 때 서유럽은 풍력에너지가 풍부하게 공급되는 지역에 자리하고 있다. 바람의 운동에너지는 풍속의 세제곱 함수이다. 예컨대, 풍속이 두 배 빨라지면 바람의 에너지량은 여덟 배 늘어난다는 얘기이다. 바람을 확보할 수 있는 최적지는 해안이나 내륙의 고지대이다. 다른 조건이 다 같다면 바람의 공급량에 따라 조건이 양호한 해안 부지의 발전량과 평범한 내륙의 발전량에 25퍼센트 정도 차이가 난다. 한 해와 다른 해의 풍력에너지 공급량 차이가 최대 20퍼센트에 이르기도 한다. 풍력에너지 산업에 "작업 시간" duration time■이라는 용어가 도입된 건, 단일 시설이나 풍력 기지의 산출량에 기초해 연간 이루어지는 발전량을 쉽게 계산하기 위해서였다. 한 해 동안 이루어진 발전량을 풍력 발전 시설의 최대 산출량으로 나누면 작업 시간을 얻을 수 있다. 풍력 발전 시설이 기준 연도의 처음부터 최대 산출량을 기록하며 끊임없이 돌아간다는 게 최초의 가정이다. 풍력 기지가 배전망에 공급할 전기를 생산하기 위해 연간 가동해야만 하는 시간을 "작업 시간"이라고 부른다(단위는 시간이다). 북해 해안처럼 바람의 여건이 좋은 곳은 작업 시간이 연간 2,200시간이었고, 내륙의 여건이 좋지 않은 곳은 연간 1,600시간 정도를 기록했다. 독일 풍력 기지의 평균 작업 시간은 연간 약 1,900시간이다. 그림 16은 한 풍력 기지에서 1997년 1~3월과 7~9월에 측정한 값을 기록하고 있다. 이 결과를 보면 바람의 공급량에 상당한 차이가 있다는 걸 알 수 있다. 당연히 발전량에도 상당한 차이가 있었다. 바람의 에너지량은 급속하게 바뀐다. 0에서 최대치까지 수시로 변하는 것이다. 풍력에너지 시스템은 최대 에너지량에 대비해 설계된다. 그러나 그 최대 에너지량이 달성되는 일이 거의 없다는 것도 흥미롭다. 그냥 봐도 분명하게 알 수 있듯이 이 풍력 기지는 측정된 겨울철 3개월 동안 발전 용량의 평균 30퍼센트 수준으로만 가동됐고, 여름철 3개월 동안은 발전율이 이보다 훨씬 더 낮았다.

풍력에너지를 사용하려면 자체 풍력 발전 시스템의 산출량과 규

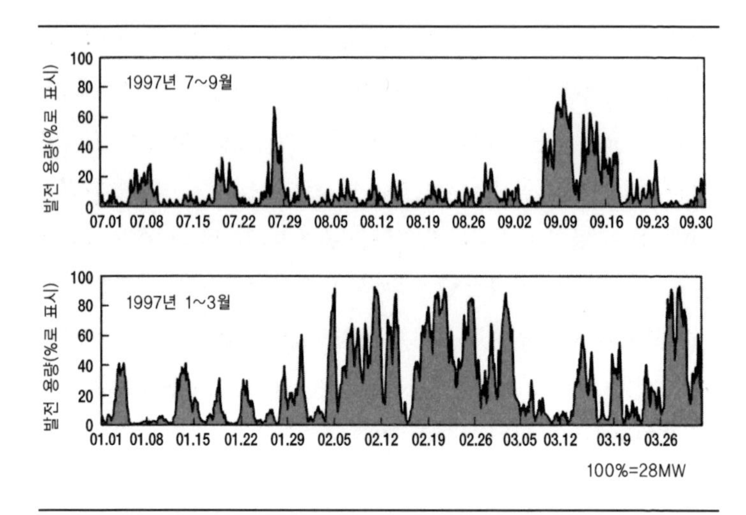

그림 16 최대 28MW 산출량의 풍력 기지에서 확인할 수 있는 시간에 따른 발전량 추이

모가 같은 발전소가 추가로 필요하다. 독일에서는 전체 풍력 발전 산출량의 5퍼센트 정도만을 안정적인 발전량으로 본다. 설치돼 운영 중인 풍력 발전소 전기의 5퍼센트만이 다른 발전소들이 보완해 줄 필요가 없는 양이라는 얘기이다. 풍력에너지도 태양에너지처럼 석탄과 석유와 천연가스를 아껴줄 수는 있지만 발전소까지 아껴주지는 못한다. 산출량을 신속하게 늘리거나 줄여 수요와 공급 간의 격차를 보완해 줄 수 있는 예비 발전소가 여전히 필요한 것이다. 사실 이 문제는 다수의 발전소를 최대 출력으로 가동하지 않는 방식으로도 빈번하게 해결된다. 보완이 필요할 때 모든 발전소를 최대 출력으로 가동하는 것이다.

최대 산출량이 2MW인 내륙의 풍력 발전 시설은 1년 동안 1,600시간을 가동하므로 320만 kWh의 전기를 생산한다. 꽤나 인상적인 수치이다. 독일에서 가전제품을 중간 수준으로 갖춘 가구는 1년에 전기를 4,000kWh 이상 소비한다. 그래서인지 신문은 이 용량의 풍력 발전기 한 대면 800가구에 전기를 공급할 수 있다고 말한다. 800가구면 커다란 마을 규모이다. 그러나 이런 얘기는 통계적으로만 사실이다. 그 800가구가 이 풍력 발전기에만 의존한다면 주민들은 곧 심각한 전기 공급 문제에 직면하고 말 것이다. 바람이 전혀 불지 않으면 그들은 전기를 전혀 얻을 수 없다. 바람이 약하게 불어도 주민들은 원하는 만큼 전기를 충분히 소비할 수 없다. 어떤 방법을 강구해 전기를 배분해야만 할 것이다. 풍력에너지가 "독자적인" 전기 공급원이 될 수 없다는 것은 너무나도 명백하다. 우리는 이 사례를 통해 재생 가능 에너지가 에너지 공급 분야에서 중대한 기여를 한다는 투의 단순화된 언론 보도가 대개는 실제의 곤경을 정당하게 취급하지 않는다는 사실도 확인할 수 있다.

전기 저장 시스템이 필요하다. 하지만 불행하게도 바람이 불지 않을 때 대량으로 전기를 저장할 수 있는 기술 설비는 전혀 없다. 현재 개발 중인 배터리 저장 시스템이나 회전 속도 조절 바퀴 형 에너지 저장 시스템flywheel energy-storage system은 몇 분에서 몇 시간 정도의 시간 단위에서 변동하는 양을 해결하는 데나 사용될 수 있을 뿐이다. 양수 발전소라는 에움길을 통해서만 대량의 전기를 간접적인 방식으로 저장할 수 있다. 풍력 전기로 물을 퍼 올리면 장기간 보관할 수 있는 것이다. 요즘은 양수 발전소 말고도 압축 공기 저장 시스템compressed-air storage system이라는 게 고려되고 있다. 전 세계에 이런 시스템이 이미 두 곳 있다. 미국과 독일에 각각 하나씩이다. 압축 공기를 지하 동굴에 저장했다가 필요할 때 꺼내서 그 에너지로 발전을 하는 방식이다. 풍력에너지 시스템의 잉여 전기를 활용해, 전기 분해법으로 수소를 생산하는 방안도 추진 중이다. 풍력 전기는 물을 수소와 산소로 분해하는 데 사용될 수 있다.■ 이렇게 분리된 수소를 저장해 놨다가, 운송 수단의 연료로 사용하거나 수소 연료 전지■를 통해 다시 전기로 바꿀 수도 있는 것이다. 아니면 건물을 난방하거나 산업 공정열이 필요할 때 직접 땔 수도 있다. 그러나 수소도 저장하는 데 비용이 아주 많이 들어간다.

풍력에너지는 지난 20년 동안 기술 발달과 시장 진입 모두에서 상당히 인상적인 진보를 이루었다. 이 기간 동안 단일 설비의 발전량이 지속적으로 증가했다. 1970년대 말 캘리포니아에 설치된 최초의 주요 풍력 발전 설비 대다수는 발전 용량이 100kW 미만이었다. 오늘날에는 5메가와트급 시설(5,000kW)도 구경할 수 있다.

2007년 말 현재 전 세계적으로 총 발전량 94기가와트의 풍력 발전 시스템이 설치되어 있다. 이는 독일에 있는 모든 발전소의 용량을 다 합한 수준이다. 독일은 풍력에너지 사용 분야에서 세계 선두주자이다. 22,000개의 풍력 발전기가 2007년 현재 전 세계 풍력 발전 용량의 4분의 1을 담당하고 있다. 미국, 에스파냐, 인도, 중국이 목록의 다음 순위를 차지한다. 독일에서 풍력에너지가 보무도 당당하게 승리의 행진을 거듭할 수 있었던 건 정부가 입법 조치를 통해 다양한 재정 지원을 했기 때문이다. 독일에서는 연구 개발 기금 외에도 이른바 250MW 프로그램250-MW Program에 따라 최초의 설비들이 킬로와트시당 지불액 내지 투자 장려금 형태로 직접 보조금을 받았다. 오늘날 풍력 발전기 운영자들이 치러야 하는 비용은 앞에서 설명한 대로 재생 에너지 법의 조항에 따라 모든 전기 소비자들이 부담한다.

풍력에너지가 급속하게 확대되면서 독일 고압 송전망의 전기 운반 용량이 고갈되고 말았다. 심지어 가끔씩 풍력 발전 설비를 꺼주기까지 해야 한다. 이 설비가 송전하는 전기가 어떤 때는 배전망의 수송 능력을 초과해 버리기 때문이다. 풍력 전기 사용을 추가로 확대하려면 적절한 투자를 통해 배전망을 확대하는 게 반드시 필요한 이유이다. 여러 조사 내용(예컨대 데나 그리드 스터디Dena Grid Study, 데나Dena는 대체 에너지를 장려하는 준공영 기업인 독일에너지청German Energy Agency이다)에 따르면 독일의 현행 통합 배전망은 2015년까지 약 5퍼센트 확장되어야만 한다. 약 400킬로미터를 수리 개량하고, 약 850킬로미터를 새로 설치해야 하는 것이다. 풍력 전기를 확대 공급하려는 다른 유럽 국가들도 상황은 똑같다. 여기 소요되는 추가 비용은 풍력에너지를 대규모로 사용하는 산업 부문에 물려야 한다. 석탄, 석유, 천연가스를 때는 화력 발전소의 다수를 노후화 때문에 교체해야 하고, 이 때문에 화석연료 발전소의 전기 생산 비용이 앞으로 증가할 것이다. 그러나 풍력 전기 역시 아직까지도 채산성 면에서 갈 길이 멀다.

독일에서는 풍력에너지를 개발하기에 좋은 육상의 부지가 대부분 사용되었다. 풍력 전기의 추가 개발을 반대하는 일도 가끔씩 있어 왔다. 예컨대, 대형 풍력 기지가 관광지에 미관상 좋지 않다는 등속의 이유들이 제시되었다. 이런 사태 전개와 더불어 해상에서 바람을 활용할 수 있는 가능성이 커졌고, 해상 풍력 기지 개발이 시작되었다. 해상에서는 바람이 더 빠른 속도로, 한결같이 불어주기 때문에 발전량도 육상의 두 배이다. 스웨덴, 덴마크, 영국의 가까운 앞바다에 이미 풍력 발전기들이 건설되어 있다. 기술적으로 얘기하면 이들 풍력 발전기는 육상에서 가동할 목적으로 개발된 시스템이다. 독일의 해안 상황을 볼라치면 미래의 해상 풍력 기지는 더 먼 바다에 설치돼야 한다. 해안에서 50~80킬로미터 떨어진 북해와 발트 해가 그런 곳들이다. 이 지역의 수심은 30미터 이상으로, 풍력 발전기의 기부와 토대를 건설하는 기술 과제가 매우 도전적이다. 기술적 활용 가능성도 유지되어야만 하고, 정비 보수팀이 육상에서처럼 신속하게 현장에 도착할 수도 없다. 요컨대 고장이 났다 하면 전력 손실은 물론이고 경제 손실도 불을 보듯 뻔하다. 바다에 발전기를 설치하는 일은 기술적 필요 및 요구 사항도 다르다. 공기에 소금기가 배어 있으므로 풍력 발전 시스템의 모든 부품은 소재의 내구력이 더 커야 한다. 파도가 높기 때문에 구조물에는 추가로 동적 하중이 발생한다. 풍력 발전 회사들은 이런 도전적 상황들에 대처 중이며, 이미 더 커다란 해상 기지 시스템을 개발해 현재 건설 중이다. 발전기가 60개 이상인 이 풍력 기지 건설 계획의 투자 비용이 1억 유로 정도 되기 때문에 과거처럼 합자 회사 주식을 파는 식으로 해서는 그 재원을 마련할 수 없을 것이다. 그러나 은행들은 발전 시스템이 기술적으로 충분히 원숙할 것과 더불어 운영 기업들의 재정 건전성과 신용을 요구한다. 위험을 최소화하려는 당연한 조치이다. 그렇기 때문에 해상 풍력 발전 시설 개발 사업에 참여하고 있는 것이 대규모 에너지 공급 기업들이라는 사태는 전혀 놀랍지 않다. 지금 설치 중인 시스템이, 재생 에너지 법 하에서 제공되는 금융 지원을 활용한 운영 사업자들에게 경제적으로 수지가 맞을지는 여전히 알 수가 없다. 아무튼 정계의 움직임을 보면, 국회의원들은 법 조항들을 기꺼이 바뀐 조건에 맞추겠다는 쪽인 듯하다. 결국 전기 가격이 인상될 것이다.

풍력에너지를 추가로 개발할 가능성은 전 세계적으로도 여전히 엄청나다. 그러나 풍력에너지를 배전망에 통합하는 것은 쉬운 일이 아니다. 배전망이 안정적이어야 하고, 언제라도 풍력에너지를 대체할 수 있도록 기존 발전소의 용량이 충분해야 하며, 무엇보다도 많은 투자가 필요하다. 향후 10년의 독일 상황을 감안하면 풍력 시스템의 발전 비용이 재래식 에너지원의 경우보다 적어도 두 배 더 비쌀 것이다. 물론 풍력 시스템 제조업자들의 기술 정보가 크게 신장되어, 점점 더 많이 수출되고 있기는 하다. 이것은 원장의 대변에 있는 항목인 셈이다. 풍력에너지는 화석연료를 사용하는 발전 양식과 비교해 더 친환경적이다. 그러나 풍력에너지만으로는 전기를 안정되게 공급할 수 없다. 이론적으로는 가능할 수도 있지만 그러려면 저장 시스템을 엄청나게 늘려야 한다. 앞에서 설명한 것처럼 양수 발전소를 더 많이 지어야 하고, 수소를 전기 분해해야 한다. 실제적인 문제들도 있다. 양수 발전소 부지가 충분치 않다. 필요한 시설을 다 지으려면 수십 년이 걸린다. 해안의 풍력 기지에서 산악 지방의 양수 발전소까지 길고 긴 송전선이 필요하다. 배전망을 크게 확대하고, 저장 시스템을 건설하는 데서 양수 발전소는 비용이 매우 비싸고, 수소 기반 시스템은 그보다도 훨씬 더 비싸다. 이런 논거가 장기간에 걸쳐 계속 사용 중인 해당 저장 시스템들에 반대하는 주장은 물론 아니다.

현실적으로 예측해 보면, 독일의 풍력에너지 몫은 현재의 7퍼센트 수준에서 향후 20년 안에 기껏해야 20퍼센트까지 늘어날 것이다. 전 세계를 보더라도, 풍력에너지 개발은 바람 활용성이 좋은 곳에서조차 비슷한 규모를 보일 것이다. 그러나 개별적인 특징들을 고려해야만 한다. 예컨대, 바람이 많이 제공되는 현대 인도의 몇몇 농촌 지방은 아직까지도 안정적인 배전망이 없다. 많은 소규모 기업들이 디젤 발전기를 사용해 각자 알아서 전기를 생산한다. 이런 곳에서는 풍력이 기존 발전기들과 연동해 경제적으로 채산성이 있다. 풍력 시스템 수요가 엄청난 이유이다.

제7부

에너지 사용은 윤리적 문제

17 에너지 공급: 핵심적 사안

에너지 공급과 에너지 사용이 도덕적인 문제라니, 의외여서 놀랄지도 모르겠다. 에너지 관련 사안이라면 정치적이고, 경제적이고, 기술적인 쟁점이지 어떻게 삶의 근본 철학이며 내적 가치일 수 있단 말인가? 하고, 누구라도 생각할 것이다.

증가하는 인류가 사회적 · 문화적으로 더 발전하는 데, 또한 이에 앞서 현존하는 세계 인구의 기본적인 삶의 조건을 보존하는 데 있어 핵심적 사안이 에너지 공급이란 걸 떠올리면 에너지 쟁점이 윤리의 문제라는 걸 분명하게 깨달을 수 있다. 식량 공급 개선, 위생 및 의료 개혁, 겨울철의 난방과 여름철의 냉방. 이 모든 것이 에너지 변환 및 에너지 사용과 연결되어 있다. 이 세상의 모든 나라가 정치적 장벽에 구애받지 않고 에너지원에 무제한으로 접근할 수 있다 하더라도 문제는 여전히 남는다. 바로 비용이다. 발전도상국들은 필요한 에너지를 확보하는 데서 특히 더 어려움을 겪는다. 에너지는 전 세계에서 상품으로 거래된다. 대금은 이른바 "경화"로 지불된다. 아프리카 대다수 나라의 국가 통화는 매우 취약하고, 이들 국가는 세계 에너지 시장에서 아무런 존재감이 없다. 이들 국가가 경화를 획득하려면 다른 나라들이 필요로 하거나 살 만한 제품을 세계 시장에서 팔아야 한다. 농산물, 관광 상품, 원광原鑛이나 원유 같은 원료가 대표적이다. 석유 가격은 세계 시장에서 계속 오르고 있고, 발전도상국들은 추가로 상품을 수출해 돈을 더 벌 가능성이 얼마 없다. 선진국들도 살펴보도록 하자. 수입 에너지원이라면 이들에게도 비용이 경제적 고려의 대상이 될 것이다. 그러나 선진국들은 수출 증대를 통해 아무튼 외화의 일부를 벌 수 있고, 세계 시장의 다른 곳에 존재하는 에너지에 더 비싼 가격을 지불한다. 선진국들의 공업 제품은 많은 경우 그들이 에너지를 수입하는 나라들로 흘러 들어간다.

세계 시장에서 에너지의 가격을 낮게 유지하는 것은 경제적 합리성의 문제일 뿐만 아니라 윤리적 사안이기도 하다. 에너지 가격이 상승하면 발전도상국들의 생활수준이 하락한다. 사실을 말하자면, 그곳 주민들이 살아가는 방식은 "수준"standard이라는 표현조차 할 수 없는 지경이다. 반대로 에너지 가격이 낮게 유지되거나 하락하면 발전도상국들도 꼭 필요한 에너지원을 세계 시장에서 더 쉽게 획득할 수 있다.

지금까지 얘기한 내용은 현행의 사태와 관계가 많다. 우리가 미래를 좀 더 멀리 내다보면 활용 가능한 값싼 에너지 자원의 양이라는 문제가 떠오른다. 특히 석유는 운송이 편리하고, 저장이 용이하며,

비교적 손쉽게 취급할 수 있기 때문에 발전도상국들에는 아주 요긴한 에너지원이다. 따라서 선진국들은 장기적으로 윤리적 관점에서 이 에너지원 사용을 줄일 수 있을지를 고민해야만 한다.

선진국들에는 활용 가능한 다양한 기술이 있다. 그러나 발전도상국들은 그런 기회와 가능성을 누리지 못하고 있다.

18 에너지원 선택

공적 대화에서 어떤 에너지원을 사용할 것인가 하는 문제가 점점 더 많이 거론되고 있다. 특히 선진국들에서 높은 생활수준을 참조해 가며 빈번하게 대화가 이루어진다. 이런 대화는 흔히 핵에너지와 재생 가능 에너지에 관한 토론으로 절정에 이른다. 독일은 미래의 에너지원으로 핵에너지를 더 이상 사용하지 않기로 정치적 결론을 낸 상태다. 풍력에너지를 전기의 생산과 공급 구조에 상당한 정도로 통합하기로 한 결정도 빠뜨려서는 안 될 것이다. 대다수의 발전도상국에게 이 두 가지 정책 방향은 그림의 떡이다. 둘 다 첫째, 자본 집약적이고, 둘째, 시스템의 건설과 운영에 상당한 기술이 필요하기 때문이다. 더구나 재생 가능 에너지를 기존의 에너지 공급 체계에 통합하는 일은 쉬운 과제가 아니다. 풍력에너지의 전기 공급은 바람의 상태에 따라서 요동을 한다. 그러나 전기 소비자들은 자신들의 생활 방식과 필요에 따라 전기를 쓴다. 이 진술은 발전도상국들에도 공히 적용된다. 우리가 경제적 · 기술적 측면 모두에서 에너지 저장의 문제를 해결하려면 아직도 갈 길이 멀다.

이 에너지원을 마다하고 저 에너지원을 사용하겠다는 결정 행동에는 윤리적 판단이 작용한다. 당연히 이런 결정 행동의 근거를 이루는 기준에 관한 물음이 등장하게 된다. 흔히 언급되는 원리는 두 가지이다. 1948년 반포된 유엔 인권선언UN Declaration of Human Rights에서 정식화된 다음의 구절이 첫 번째 근거다. "인간으로서 누려야 할 존엄성에 걸맞게 살아가야" 할 당위. 브룬트란트 위원회Brundtland Commission가 제시한 "지속가능한 발전"이 두 번째 원리에 해당한다. 첫 번째 원리를 더 설명할 필요는 없을 것이다. 두 번째 원리, 곧 "지속가능한 발전"은 몇 가지 상이한 차원에서 규정된다. 사회적 · 경제적 · 환경적 차원이 그런 것들이다. 사회적 차원에 따르면 모두는 인간으로서 존엄한 삶을 누리는 데 필요한 수단을 가져야 한다. 오늘날 우리 세대의 에너지 소비로 미래 세대의 가능성이 제약을 받아서도 안 된다. 경제적 차원에서는 에너지를 경쟁 가격으로, 믿고 의지하며 활용할 수 있어야 한다. 소비자들이 필요하거나 필요하다고 판단하면 언제라도 에너지를 마음껏 사용할 수 있어야 한다는 얘기이다. 선진 산업 사회는 발전이 거듭될수록 활용 가능한 에너지를 끊임없이 더 필요로 한다. 사실 우리가 정말로 필요한 것은 다양한 형태의 활용 가능한 에너지가 아니라 서비스로서의 에너지이다. 이동 수단, 일정한 밝기의 조명, 일정한 온도의 방 등등 말이다. 이런 서비스는 활용 가능한 다양한 에너지로 제공할 수 있다.

그 에너지의 양은 에너지 효율성을 높이는 조치에 좌우되고 말이다.

우리는 에너지가 필요하다는 말을 무시로 듣게 된다. 소비자의 관점에서도 이 진술은 확실히 맞는 말이다. 그러나 에너지 소비도 선진 산업 사회의 다른 여느 상품 소비처럼 두 가지 요소로 구성된다. 실제 필요actual need와 적극적 수요active demand가 그것들이다. 적극적 수요는 경제적 이유에서 기인한 광고와 기타 동기 부여 조치들을 통해 조작된다. 실제 필요는 구체적 과업에 착수하는 데서 비롯한다. 주말에 자가용으로 드라이브를 하거나 오토바이를 타면서 자유를 만끽하고 싶은 욕구는 적극적 수요이다.

우리는 이에 기초해서 적극적 수요를 실제 필요에 최대한 가깝게 돌려놓는 요건을 마련할 수 있다. 그러나 이 일이 실제로는 아주 어려우리라는 걸 우리는 잘 안다. 여행처럼 즐거움을 누릴 수 있는 많은 활동에는 결국 에너지 소비가 뒤따르기 때문이다. 에너지 절약은 일상생활만의 화두가 아니다.

지난 수십 년 동안 에너지를 충분히 활용할 수 있게 되면서 생활이 크게 향상되었고, 의료 서비스까지 개선되면서 평균 수명도 늘어났다. 따라서 에너지를 충분히 생산해 주민들에게 제공하는 활동이 대다수 발전도상국들의 주요 정책 현안인 것은 전혀 놀랄 일이 아니다. 신흥 시장 국가들인 중국과 인도를 보더라도 미국이나 유럽 사회와 결코 다르지 않은 에너지 사용 목표와 요구를 갖는다는 걸 알 수 있다. 따라서 전통과 삶의 방식과 철학이 다르기 때문에 선진국들보다 발전도상국들의 1인당 에너지 필요량이 더 낮게 책정되어야 한다고 주장하는 것은 정당하지 않다.

지속가능한 발전의 세 가지 차원을 더 다루기 쉽게 분석해 보면 평가의 기준으로 이른바 양립 가능성이라는 것을 제시할 수 있다. 사회적 양립 가능성, 환경적 양립 가능성, 경제적 양립 가능성으로 말이다. 양립 가능성이란 취하게 될 개별 조치가 기존의 정치 사회 체제 및 그것들의 요구와 조화를 이루어야 한다는 말이다. 예컨대, 환경적 양립 가능성이라면 토양을 최대한 덜 산성화시키면서 깨끗한 공기와 물과 농지를 확보한다는 얘기이다. 안정된 기후와 식생도 전 세계 작물 재배의 필요조건으로 이해되어야 한다.

그러나 배출 가스가 전혀 없는 에너지 공급이나 에너지 변환 시스템 같은 것은 전혀 존재하지 않는다. 경제 체제, 나아가 사회 체제에 전혀 영향을 미치지 않는 그런 것도 없다. 예컨대, 대형 댐을 건설하면 경제적 번영과 생활수준을 향상해 주는 전기를 얻을 수 있다. 그러나 많은 땅이 수몰되면서 현지 주민들의 기본적 생활 여건이 항구적으로 영향을 받기도 한다. 에너지 공급원을 개발해야 한다는 대전제에는 동의하면서도 구체적인 목표가 상충하는 상황이 발생하는 것이다. 아프리카 국가들의 유전 지대가 점령되었다거나 현지인들이 외국인 전문가들을 납치해 갔다는 뉴스 보도를 보면 이런 갈등의 양상을 짐작해 볼 수 있다. 그런 갈등은 대화와 정치적 타협으로 해결해야 할 것이다.

구체적으로 어떤 에너지원과 어떤 기술을 채택해야 앞서의 전반적 기준을 가장 잘 충족할 수 있을지에 답하려면 훨씬 더 다면적인 접근이 요구된다. 여기에는 확립된 기준이 있고, 여러 연구들에서 개별 에너지원과 에너지 기술이 비교 평가되었다. 유럽연합 위원회 EU Commission도 "지표들"이라고 하는 기준들을 동원해, 지속가능한 발전이라는 전반적 시각에서 구체적 에너지원들을 평가했다. 그 결과에 따르면 기술적 · 생태적 · 사회적 · 정치적 위험이 전혀 없는 에너지는 전무했다. 에너지를 공급하는 다양한 방법들에는 상이한 위험과 상이한 효과가 도사리고 있다. 그래서 체계적으로 비교하기가 어려운 것이다. 당연히 에너지원 선택에는 엄청난 불확실성이 따른다. 이산화탄소를 배출해 세계 기후에 영향을 미치고, 자연의 순환과 먹이 사슬을 심각하게 침해할 위험이 있다. 이게 다가 아니다. 석유와 천연가스의 경우 에너지의 안정성이 불충분하다는 정치적 위험이 도사리고 있다. 원자력 발전에는 기술적 위험이 상존한다. 재생 가능 에너지를 사용하면 경제적으로 적자를 본다. 에너지 저장 문제는 여전히 미해결 상태이다.

이런 위험이 확산되는 것도 문제이다. 선진국과 발전도상국 사이의 확산, 현재 세대에서 미래 세대로 이어지는 확산 따위를 생각해 볼 수 있겠다. 발전도상국들이 선진국들보다 위험을 다루고 통제하는 능력이 떨어진다는 것은 분명한 사실이다. 어떤 에너지원을 사용하고, 어떤 에너지원은 사용하지 않을지에 관해 답하는 것에서처럼 여기서도 공정한 거래가 반드시 요구되는 이유이다. 원자력 발전과 같은 특정 에너지원을 사용하지 않으면 어떤 위험과 효과가 발생할까? 윤리적 관점에서 원자력 발전을 평가하지는 않겠다. 그것은 이 책의 범위와 목표를 넘어서는 일이기 때문이다. 그러나 이 문제를 고려해 보면 에너지 쟁점의 윤리적 차원도 밝히 드러난다.

19 시간의 틀

시간의 틀을 다루는 방법도 흥미로운 문제이다. 우리는 오늘날의 기준으로 선택안과 기술을 평가한다. 그러나 우리는 그렇게 하면서도 우리의 행동이 미래 세대에 어떤 영향을 미치게 될지를 자문해 보아야 한다. 미래에 발생할 피해와 불이익도 우리가 현재 경험하는 피해와 불이익을 판단 평가하는 것과 동일한 기준으로 판단 평가해야 한다고 주장하는 이들이 많다. 이런 가정은 미래의 윤리에 평등의 원리를 적용한 것이라고 할 수 있다. 그런데 이 미래의 윤리가 삶의 다른 분야, 예컨대 경제학에는 적용되지 않는다. 경제학에서는 미래의 결과를 도외시한다. 다시 말해, 미래의 결과는 현재 발생하는 효과보다 덜 중요한 것으로 여겨진다. 오늘날의 조건들을 참작해 어떤 수입과 지출을 포함시킬지에 따라 모든 투자 회계 과정을 계산해 미래의 회수량이 현재와 관련해 덜 중요하다고 판단하는 것처럼, 경제학은 그런 감가 사정이 자원 경제에도 적용되어야만 한다고 본다.

이런 맥락에서 배움의 기능이라는 측면도 논의되고 있다. 지난 50년 동안만 해도 에너지를 효율적으로 사용하는 분야에서 상당한 진보가 있었다. 반세기 전에는 천연가스가 아직 시장에 등장하지 않았다. 상황이 이러할진대 다음 세대가 에너지 소비의 측면에서 긍정적 효과를 낳을 기술 진보를 더 이상 이룰 수 없다거나, 새로운 에너지원을 확보할 수 없다고 우리가 가정할 수 있을까? 어쩌면 다음 세대는 에너지원으로 핵융합 기술을 개발하고, 이 기술이 정치적으로 용인되게 만들거나, 생태 친화적인 방법으로 바다에서 천연가스 하이드레이트를 채굴하는 데 성공할지도 모른다. 조부모 세대가 석탄 사용을 폐기했다면 우리가 지금 더 잘 살고 있을까? 우리가 오늘날 에너지원으로 탄화수소 석유를 엄청 선호하는 것은 석유가 석탄에 비해 제공하는 이점이 많기 때문이다.

여기서 제기한 문제들을 통해 모범 답안이 전혀 존재하지 않고, 앞으로도 존재하지 않을 것임을 알 수 있다. 그러나 이 문제들을 통해 우리는 에너지 사안의 윤리적 차원을 다뤄야 할 당위도 알게 된다. 1992년에 리우데자네이루에서 환경회의Environmental Conference가 열렸고, 적어도 말로나마 지속가능한 발전이라는 개념 아래 지구상의 거의 모든 나라를 정치 무대에서 단결시키는 게 처음으로 가능해졌다. 지속가능한 발전을 화두로 이렇게 선행 토론이 이루어지지 않았다면 뒤이은 교토 회의가 그렇게 빨리 결실을 맺지는 못했을 것이다. 온실가스 분야에서 교토 의정서가 채택한 보상 체계로 인해 선진국과 발전도상국 모두가 경제적으로 이득을 챙기며 해당 가스들의 배출량을 감축할 수 있는 가능성이 생겼다.

이 보상 조치는 국제 사회가 에너지 분야에서 대화를 시작하는 제1단계 조치가 될 것이다. 물론 경제적 동기에서였겠지만 에너지가 윤리적 쟁점이기도 하다는 사실을 다루는 방향으로 내딛은 첫 발걸음은 잘 떼었다고 볼 수 있는 것이다.

제8부

에너지의 미래

20 미래 예측 모형

1970년대에 자원 부족 사태를 다룬 여러 건의 세계 에너지 보고서는 화석연료, 특히 석유 부족 사태를 경고하며, 두려워했다. 안정적인 공급으로 에너지 수요를 충족해 줄 수 있도록 최대한 정확하게 계산할 필요가 있었다. 1980년대 말에 제출된 새로운 시나리오들에서는 에너지 자원의 부족 사태보다는 에너지 공급 시스템이 공기 오염 물질과 온실가스 배출량을 최대한 줄여야 한다는 사실이 더 강조되었다. 그러나 현재 시점에서는 에너지 안보 문제가 온실가스 감축과 더불어 다시 한 번 중요하게 부상하고 있다. 이런 시나리오를 제출하고 있는 집단은 다음과 같다. 쉘Shell과 같은 대규모 석유 기업, 과학 연구소, 파리에 있는 국제에너지기구, 유럽공동체위원회European Commission, 기후 변화 정부간 위원회Intergovernmental Panel on Climate Change 같은 국제 조직들.

시나리오와 예측

에너지 보고서는 임의로 선택한 기간과 항목을 바탕으로 수요와 공급의 구조뿐만 아니라 에너지 소비의 미래상을 판단해 보는 시나리오이다. 에너지 보고서가 미래의 사태를 시뮬레이션한 게임, 곧 "~라면 ~할 것이다" 식의 계산 추정인 이유이다. 에너지 보고서는 에너지 예측과 달리 예컨대, 향후 10년에 걸쳐 무슨 일이 일어날지를 최대한 정확하게 예상하는 게 아니라 다양한 수학적 조합, 경계 조건의 결론들, 미래 에너지 공급의 가능성 등을 분석 평가하려고 한다. 이를테면, 온실가스 배출량이 특정 시점까지 일정 비율 감소할 것으로 전제하고 계산 추정을 하는 식이다. 그러고는 이에 기초해 어떤 에너지원을 어느 정도 규모로, 또 어떤 에너지 기술을 바탕으로 사용해야 하는지에 관한 정보를 제공할 것이다. 이런 시뮬레이션 게임의 다음 단계는 여러 학문 분야의 전문가들이 토론을 벌이는 것이다. 각각의 방법과 경로 들이 갖는 장점과 단점, 그것들이 사회적 · 정치적으로 어느 정도까지 실행 가능한지를 획정하는 절차인 셈이다. 보고서는 의사결정권자들에게 제출되기도 한다.

그러나 이런 보고서를 작성하는 전문가들 역시 평가를 수행하는 데서 여느 사람들처럼 시대정신으로부터 결코 자유롭지 않다. 그들이 에너지 가격의 변동처럼 주요한 경계 조건들의 온갖 변화를 정확하게 예측할 수 있는 것도 아니다. 5~10년 단위로 에너지 시나리오를 다시 쓰거나, 해당 시나리오들을 새로운 경계 조건들에 맞추어

개작하는 게 그래서 합리적인 것 같다.

연구 보고서

여기서는 지난 몇 년 사이에 제출된 다섯 건의 보고서를 바탕으로 전 세계의 1차 에너지 소비와 그 안정성에 관한 결론들을 살펴보도록 한다. 다섯 건의 보고서는 다음과 같다.

1. 유럽공동체위원회(2003): 세계 에너지, 기술, 기후 정책 전망
2. 에너지정보기구Energy Information Administration(2004): 국제 에너지 전망 2004
3. 국제에너지기구(2004): 세계 에너지 전망 2004
4. 기후 변화 정부간 위원회(2000): IPCC 특별 보고서—배출 시나리오
5. 쉘(2001): 에너지 수요, 선택과 가능성—2050년까지의 시나리오

일부 보고서는 몇 가지 사태 전개를 예상한다. 각각의 보고서는 기존 자원과 재생 가능 에너지의 활용 가능성, 인구 증가, 경제 성장과 관련해 전제 조건들이 근본적으로 다르다. 기술적 매개 변수, 에너지 시스템의 비용에 관한 가정들의 세부 사실에서도 차이가 난다. 대체로 얘기해서, 생각해 볼 수 있는 다양한 사태 전개 양상이 광범위하게 소개되고 있다. 전 세계의 1차 에너지 수요와 이산화탄소 배

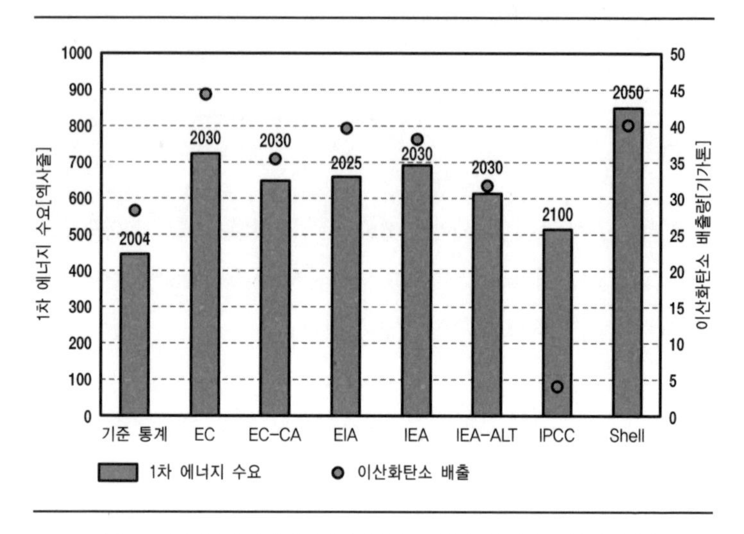

그림 17 각종 보고서가 예측한 전 세계의 미래 에너지 소비량과 이산화탄소 배출량 시나리오
* 막대그래프 위에 표시된 연도는 개별 보고서가 대상으로 삼은 최종 연도이다.

출량은 그림 17에서 확인할 수 있다. 우리는 각 연구의 대상 연도가 2025년, 2030년, 2050년, 2100년 등으로 다르다는 것을 명심해야 한다. 독자 여러분이 비교해 볼 수 있도록 2004년의 통계를 함께 제시했다.

기후 변화 정부간 위원회의 시나리오에 나오는 이산화탄소 배출량은 미리 정한 목표이다. 이 보고서는 필요하다고 판단되는 이산화탄소 배출량 감축을 에너지 공급 측면에서 달성할 수 있는지와 그 방법을 획정하려고 하는 것이다.

이들 시나리오 가운데서 오늘날의 기준과 비교해 세계의 에너지 소비가 감소하리라고 예상한 보고서는 한 건도 없었다. 대다수의 시나리오는 향후 25년 동안 1차 에너지 소비량이 크게 늘어날 것으로 보았다. 1차 에너지의 수요를 구성하는 에너지원의 비율 명세를 알려주는 것도 많다. 각각의 보고서를 바탕으로 재구성한 개별 에너지원의 비율은 다음과 같다.

— 1차 에너지 공급에서 석유가 차지하는 몫은 27~39퍼센트(현재 : 34퍼센트)
— 천연가스가 차지하는 몫은 21~28퍼센트(현재 : 21퍼센트)
— 석탄이 차지하는 몫은 8~28퍼센트(현재 : 24퍼센트)
— 원자력 발전이 차지하는 몫은 4~7퍼센트(현재 : 7퍼센트)
— 재생 가능 에너지가 차지하는 몫은 8~33퍼센트(현재 : 14퍼센트)

우리는 이들 시나리오 저자들의 예측을 바탕으로 에너지 공급의 미래상과 관련해 다음과 같이 말할 수 있다.

— 어떤 에너지원도 배제되지 않을 것이다.
— 석유, 천연가스, 석탄 등 화석에너지원이 에너지 공급에서 여전

히 커다란 비중을 차지할 것이다.

— 천연가스와 재생 가능 에너지처럼 이산화탄소를 적게 배출하거나 전혀 배출하지 않는 에너지원들의 비율이 증가할 것이다. 반면 석탄은 그 비율이 감소할 것이다.

— 석유와 핵에너지는 현행 수준을 유지하거나 약간 감소할 것이다. 그러나 이 값들은 백분율이다. 1차 에너지 소비는 절대량이 증가할 것이기 때문에 석유 수요량과 원자력 발전소의 수도 당연히 증가할 것이다.

에너지원의 구조가 크게 바뀌지 않을 거라는 예측이 놀라울지도 모르겠다. 그러나 대다수의 시나리오에 등장하는 2030년이라는 시간 전망은 지금으로부터 비교적 멀지 않다는 사실에 유의해야 한다. 에너지 공급 활동은 투자를 많이 해야 하고, 시스템의 기술 수명도 길기 때문에, 새로운 에너지원을 개발하는 데 수십 년이 걸린다. 20년의 세월 동안 급격한 변화가 일어나리라고 예측할 수 없는 이유이다. 독일의 사례를 보면 이게 어떤 의미인지 알 수 있다. 보고서들은 독일이 2020년까지 발전 분야에만 900~1,200억 유로를 투자할 것으로 내다봤다. 공급 활동에서 특정 에너지원이 차지하는 몫을 단 몇 퍼센트만 바꾸려 해도 실제에서는 엄청난 변화가 발생하는 것이다.

전 세계의 에너지 수요를 조사한 수많은 보고서 외에 특정 국가를 연구한 보고서들도 있다. 이런 보고서들은 일부 세계 단위의 시나리오와 달리 정부의 정책 목표는 물론이고 교토 의정서의 감축 명세까지 명시적으로 다룬다. 독일의 보고서를 보면 에너지 효율성을 증대하는 방안과 핵에너지를 단계적으로 폐지하는 계획 같은 것들이 나온다.

독일의 보고서는 세계 시나리오들과 달리 1차 에너지 수요가 2020년까지 6~26퍼센트 감소하리라고 내다봤다. 인구가 약간 감소하고, 발전소 등 온갖 분야에서 에너지를 효율적으로 사용하는 조치들과 건물의 단열 향상이 효과를 발휘할 것이라는 게 그 근거로 제시되었다. 그러나 이런 조치들이 정치적으로 달성될지 여부에 관해서는 일언반구도 없다.

21 에너지 체계의 구성 요소들

앞 장의 시나리오들에서 알 수 있는 것처럼 향후의 사태를 두루 살펴보면 미래의 에너지 공급 체계가 급속도로 바뀌기보다는 천천히 꾸준하게 바뀌리라는 걸 알 수 있다. 기술 시스템에 투자하는 활동에 돈이 너무 많이 들어서, 급속한 변화가 불가능한 것이다. 개별 국가들에서 에너지 공급의 풍경이 어떻게 펼쳐질지는 많은 요인들에 좌우된다. 중요한 경계 조건들로, 예컨대 에너지 가격 인상, 에너지 및 기술 접근성 등이 있다. 생활양식과 특정 에너지원 및 기술의 사회적 수용 여부도 중요하다. 이렇듯 상황이 불확실하기는 해도 미래 에너지 공급의 경관을 구성하는 "기본 단위들"module을 제시해 볼 수는 있다. 보자.

— 발전소 기술의 추가 개발

— 화석에너지원들인 석탄, 천연가스, 석유를 사용하는 열 관리 기

술 향상

— 연료를 현저히 더 적게 소모하는 엔진 개발

— 전기와 열의 병합 생산. 지역난방을 하려면 시스템은 더 커야 하고, 단일 건물이나 복합 건물군에 열과 전기를 공급하려면 시설은 더 작아야 한다.

— 재생 가능 에너지, 특히 풍력에너지와 바이오매스 개발, 일부 지역에서는 수력 전기를 추가로 개발

— 에너지 변환과 사용의 전 분야에 걸쳐 에너지 효율이 대폭 개선

에너지 세계의 내일을 구성하는 이런 기본 단위들은 기술적으로 이미 활용 가능하고, 어떤 것들은 경제적으로도 활용이 가능하다. 이런 기본 단위들이 미래의 에너지 공급에 어떻게 기여할지도 예측할 수 있다. 에너지 효율을 향상시키고, 에너지 공급의 구조를 재편성하는 데 크게 기여할 수 있는 다른 기술들도 많다. 이들 기술의 기여도는 기술적으로도, 경제적으로도 아직 판단이 내려지지 않았다. 어떤 것들이 있는지 보자.

— "수소의 세상"을 건설할 수소 연료 전지와 수소 기술

— 전기 저장 시스템 개선. 개선된 전기 저장 시스템이 재생 가능 에너지와 기존의 배전망을 연결해 줄 것이다.

— 새로운 단열 공정 도입. 예컨대, 진공 단열vacuum insulation이나 투명 단열transparent insulation

— 송전망을 대륙 전체에 가설하는 효율 향상 조치. 에너지 소비가 표준화될 가능성이 열린다.

— 향후 50년의 미래를 전망한다면 핵융합도 새로운 선택지로 고려해야만 한다.

이런 기본 단위들과 기술들이 미래 에너지 공급의 풍경에 성공적으로 안착하려면 우리가 어떤 노력을 기울여야 할까? 다음에서 이 문제를 살펴보도록 하자.

화석에너지원과, 그것들을 변환하는 데 필요한 시스템이 에너지 공급 체계의 풍경에서 여전히 전 세계적으로 커다란 비중을 차지할 것이다. 관련 기술의 완성도와 신뢰도, 투자 비용 감소가 중심적인 요구 사항이 될 것이다. 에너지 변환의 효율성 제고, 공기 오염 물질과 온실가스 배출량 감축도 필요하다. 오늘날처럼 미래에도 화석에너지원들인 석탄, 석유, 천연가스가 전기 생산, 크고 작은 열 관리 시스템의 열 생산, 운송 분야의 이동 욕구 충족 활동에 사용될 것이다.

발전소

과거에도 발전소 부문은, 재료 과학의 발전으로 더 높은 온도와 압력을 달성할 수 있었고, 이를 바탕으로 계속해서 설비와 장치의 에너지 효율성을 끌어올렸다. 예컨대, 1970년대 말에는 신형 무연탄 발전소가 전기 1킬로와트시를 생산하는 데 석탄 280그램을 썼다. 그러나 요즘은 대다수의 시스템이 180그램이면 충분하다. 가스 터빈 공정과 증기 터빈 공정이 결합돼 전기를 생산하는 발전소를 결합형 발전소combination power station라고 한다. 결합형 발전소는 이보다도 에너지 효율이 훨씬 더 좋다. 가스 터빈 공정에서는 천연가스를 연소한다. 섭씨 1,300도의 연도 가스가 가스 터빈으로 들어가 발전기를 구동한다. 뜨거운 연도 가스의 에너지 일부가 전기로 변환되고, 나머지 에너지는 계속해서 열 교환기를 통해 증기 공정으로 전달된다. 다시 한 번 증기 터빈으로 발전기를 돌려 전기를 생산한다. 중기中期적으로는 가스 터빈 말고 고온의 수소 연료 전지 사용을 생각해 볼 수도 있다. 1990년대 초에는 사용되는 천연가스의 52퍼센트만 전기로 바꿀 수 있었다. 오늘날의 시스템은 58퍼센트를 달성 중이고, 목표는 60퍼센트 이상이다.

그러나 발전소 기술의 특수한 도전 과제는 결국 이산화탄소를 가급적이면 환경에 적게 배출하는 방법일 것이다. 우리가 변환 효율을 상당한 수준으로 끌어올렸고, 이를 바탕으로 온실가스 배출량도 감축해 왔다는 사실을 잊어서는 안 된다. 그러나 최종 목표는 발전소의 공정에서 이산화탄소를 완전히 제거하는 것이다. 2006년에 두 개 기업이 이를 목표로 하는 시험적 발전소를 건설하겠다는 계획을 발표했다. 이산화탄소를 기술적으로 분리해 내겠다는 계획은 이산화황처럼 연도 가스에서 씻어내("종말 처리 기술"은 비용이 많이 든다)거나 이른바 산화 석탄 공정oxicoal process을 적용한다는 얘기이다. 연소 공기를 구성 성분들로 분리해, 연도 가스를 사실상 순수한 이산화탄소로 만드는 게 산화 석탄 공정이다. 석탄을 이른바 사전 연소 공정pre-combustion process을 통해 먼저 가스화하는 게 세 번째이자 마지막 방법이다. 이 세 공정 모두 기술을 완성하려면 아직도 상당한 개발이 필요하다.

향후 15년에 걸쳐 중부 유럽의 발전소 절반가량이 노후화로 인해 교체될 예정이다. 건설 공사는 지금부터 시작되어야 한다. 이산화탄소 분리 기능을 갖춘 발전소가 불과 한 세대, 곧 30~40년 후면 산업적 규모로 활용될 것이다. 굉장히 반가운 소식이지만 단점도 있다는 걸 알아야 한다. 여기서는 기후 보호와 에너지 효율이 일치하지 않는다. 이산화탄소를 분리하면 발전소의 효율성 정도가 10퍼센트 낮아진다. 어떤 공정을 채택하느냐에 따라 조금씩 달라지기는 하겠지만 이산화탄소 분리 장비가 에너지를 많이 소모하기 때문이다. 오늘날 달성한 효율의 최고 3분의 1까지 다시금 상실하게 될 것이다. 결국 약 3분의 1 더 많은 발전 용량을 구축해 그만큼의 전기를 생산해야만 한다는 얘기이다. 투자 비용 증가는 불문가지다. 온실가스를 다룬 장에서 설명한 것처럼 이렇게 분리한 이산화탄소는 텅 빈 천연가스 공동空洞에 집어넣을 수 있다.

열 생산

미래의 난방 시스템에 요구되는 것 역시 최대의 에너지 효율과 최소의 공기 오염 물질 배출일 것이다. 압도적 대다수의 난방 시스템,

예컨대 주거용 건물들의 보일러는 이산화탄소 배출량이 적기 때문에 현재의 기술 수준으로는 값비싼 이산화탄소 분리 공정을 채택하기가 생각조차 하기 힘들다. 이 때문에 에너지 효율성을 높이는 게 더욱 중요해진다. 그러나 에너지 효율은 기술적 가능성이 이미 그 한계에까지 이르렀다. 연소 장비가 개선되었고, 석유와 천연가스에 들어 있는 수소가 연소되면서 만들어지는 배기가스 내의 수증기를 물로 응축하는 게 가능해졌다. 이들 장비는 실제로 효율성이 100퍼센트에 이른다. 마치 처음에 천연가스 형태로 투입되는 것보다 더 많은 열에너지를 보일러 설비에서 뽑아낼 수 있다는 듯이 들린다. 그렇다면 보일러가 "영구 기관"■이란 말인가? 물론 아니다. 효율성, 다시 말해 사용된 천연가스의 에너지 함유량에 대해 생산된 열의 비율은 천연가스의 발열량과 관계가 있다. 효율성은 정의상 증기의 응축 에너지■를 계산에 넣지 않는다.

운송

우리는 운송 부문과 그것의 발달상에 아주 익숙하다. 따라서 여기서 운송 부문을 자세히 분석할 필요는 없을 것 같다. 엔진의 에너지 효율을 계속해서 개선하는 게 기본적인 추세이다. 결국 추정치에 따르면 오늘날의 소모량이 절반으로 줄어들 것이다. 그러나 과거에도 편리함과 안정성이 증대하자 에너지 효율의 기술적 성과 상당 부분이 제거돼 버렸음을 잊지 말아야 한다. 차량들이 더 무거워졌고, 더 빨리 가속을 한다. 에너지를 더 많이 소모한다는 얘기이다.

원자력 발전

전 세계적으로 많은 나라에서 핵에너지가 사용된다. 약 440개의 원자력 발전소가 현재 가동 중이다. 핵에너지에 대한 선진국들의 입장은 매우 다양하다. 미국과 프랑스는 정치적 승인 아래 추가 개발을 계획하고 있으며, 독일과 스웨덴은 단계적 철수 정책을 추진하고 있고, 오스트리아와 이탈리아는 완전 폐기로 가닥을 잡았다. 전 세계적으로 수많은 상이한 기술들에 기초해 원자력 발전소들이 운영되고 있다. 이 중 가장 많은 수를 차지하는 발전 방식은 서방 국가들의 경수로형이다. 경수형 원자로Light Water Reacter ; LWR■는 냉각수 파이프 파열이라는 "최악의 시나리오"에 대비해 설계되었다. 펜실베이니아 주 해리스버그의 스리마일 섬 원자력 발전소에서 1979년에 사고가 일어났다. 애초에 노심이 녹아내리는 일은 이 발전소의 자체 기술 안전 규정으로 완벽하게 통제할 수 있는 유형의 사고가 아니었다. 그런데 미국의 그 발전소에서 부분적으로 이런 일이 일어나고 말았다. 그럼에도 해리스버그 발전소의 이 사고는 잘만 통제하면 환경에 이렇다 할 방사능을 전혀 유출하지 않을 수 있다는 걸 보여줬다. 반면 경수형 원자로가 아니었던 체르노빌의 사고는 주민들에게 훨씬 더 심각한 영향을 미쳤다. 핀란드와 프랑스에 현재 건설 중인 유럽형 가압 원자로European Pressure Reactor ; EPR 같은 새로운 개발

모형들은 안전에 관한 철학이 다르다. 여기서는 노심 용해를 "최악의 시나리오"로 가정하고, 이것마저 기술적으로 완벽하게 통제해야만 하는 사고 항목으로 취급한다. 독일이 개발하고, 중국과 남아프리카공화국이 채택한 흑연 고온 (기체 냉각) 원자로 기술graphite high-temperature reactor technology■은 소규모 원자로들에 상당한 수준의 자체 안전성을 제공한다.

이런 개발 양상, 이산화탄소를 전혀 배출하지 않는 발전 방식, 사용하는 에너지원의 분산성이 원인으로 작용해, 여러 나라가 원자력 발전도 자국 에너지 공급 체계의 미래 구성 요소로 보고 있다.

미래에 에너지를 공급해 줄 수 있는 또 다른 선택지로 핵융합이 있다. 핵융합은 핵분열과 비교해 볼 때 융합 시스템이 꺼지고 나면 더 이상의 잔열이 전혀 없고, 반감기가 긴 방사성 동위원소도 전혀 남기지 않는다는 장점이 있다. 핵융합이 핵분열 방식과 달리 일부 국가에서 더 광범위하게 용인될지 여부를 여기서 다루지는 않겠다. 핵융합 방식을 성공적으로 개발하려면 많은 시간과, 비용이 많이 들어가는 대규모 시험 발전소가 필요할 것이다. 어떤 한 나라가 단독으로 이런 활동과 노력에 재원을 댈 수는 없는 노릇이다. 이것이 다국적 팀이 프랑스 남부 카다라쉬에 국제 핵융합 실험로ITER를 건설하는 이유다. 1938년에 우라늄 동위원소가 최초로 인위 분열되는 핵분열이 있었다. 물리적 개발의 견지에서 보면 핵융합은 1938년 이전 단계에 놓여 있다고 할 수 있다. 우선 첫째로, 융합 과정을 제어할 수 있음을 증명해야만 한다. 다음 과제는 핵융합 발전소를 제작해, 기술적으로 온전히 기능하게 만드는 오랜 과정을 밟아나가는 것이다. 핵융합 기술은 적어도 향후 50년 동안은 에너지 공급의 풍경에 기여할 것으로 보이지 않는다. 그러나 실현되기만 한다면 정말이지 엄청난 가능성을 갖는다.

열병합 발전

열병합 발전, 곧 CHP는 약 100년 전부터 이용되어 왔다. CHP는 이제 상당히 높은 기술 수준에 도달한 상태로, 전기와 열을 별개로 생산하는 방식과 비교해 최대 15퍼센트까지 에너지를 절약해 준다. 물론 단점도 있다. 중앙 집중식 열 분배망이라서 자본 집약적이라는 게 그 단점의 내용이다. 파이프라인이 길어지기 때문에 지역난방열이 비싸지는 것이다. 과거에는 지역난방이 여러 도시에서 천연가스와 경쟁했고, 그 결과는 완패였다. 천연가스 공급업자들은 지역난방열 공급업자들과 달리 자치 도시들에 면허 사용료를 내고 파이프라인을 구축할 수 있었던 것이다. 더 작은 시스템, 예컨대 수소 연료전지나 소형 엔진 가동 시스템에 CHP의 원리를 채택 적용할 수도 있다. 이런 소규모 시스템을 단일 건물이나 복합 단지에 설비하고, 현대식 통신 기술을 활용해 "가상 발전소"에 연결할 수 있다. 중앙 제어소가 시스템을 운영할 수 있는 것이다. 예컨대, 전기가 더 필요하거나 시장에서 더 비싸게 거래될 때 선택적으로 시스템을 가동한다.

재생 가능 에너지와 에너지 효율 증대를 위한 조치

미래에는 온갖 형태의 재생 가능 에너지가 전 세계의 에너지 공급에서 점점 더 많은 비중을 차지할 것이다. 어떤 재생 가능 에너지가 사용될지는 나라마다 다를 것이다. 이전 장들에서 이미 충분히 다루었으므로 이들 재생 가능 에너지의 잠재력과 효율 증대 조치들을 여기서 더 논의하지는 않겠다.

수소

에너지 산업과 에너지 기술의 역사는 에너지 공급 구조에 커다란 영향을 미칠 새로운 변환 기술이 개발되고 시장에 진입하는 과정의 역사이다. 수소 연료 전지와 수소 기술도 상당한 잠재력이 있다고 많은 사람들이 보고 있다. 수소는 자연에 존재하는 에너지 담체擔體가 아니다. 오늘날 수소는 화학 산업의 소재로 사용되고, 정유 공장에서는 난방유나 디젤 연료를 탈황하는 데 쓰인다. 이와 동일한 양의 수소가 에너지원으로 간주된다면 전 세계 1차 에너지 수요량의 3퍼센트를 차지하게 된다.

오늘날 사용되는 수소의 많은 몫은 천연가스를 분해해서 얻는다. 그러나 이 방법은 미래의 수소 에너지 경제를 생각한다면 좋은 수단이 아니다. 천연가스가 수소와 동일한 목적에 사용될 수 있기 때문이다. 수소 생산 과정은 에너지를 낭비하는 에움길이며 배출 가스가 없지도, 기후에 무해하지도 않다. 결국 유일한 방법은 전기 분해이다. 전기 분해란 전기로 물을 분해해서 수소를 얻는 방법이다. 온실가스를 전혀 배출하지 않기 위해 전기 분해로 수소를 생산한다면 원자력 발전소나 재생 가능 에너지원에서 나오는 전기만을 사용할 수도 있다. 수소는 수력 발전소, 광전 변환 발전소, 풍력 기지, 캘리포니아에서 현재 활용 중인 것과 같은 태양열 발전소의 도움을 받아 생산할 수 있다.

옛날에는 사하라 사막에서 대규모로 수소를 생산해 유럽에 에너지를 공급하자는 계획들이 있었다. 이 계획을 실현하려면 사하라 사막의 아주 넓은 면적에 광전 변환 장치를 설치해야 한다. 이렇게 생산한 전기로 물을 분해해 수소를 얻은 다음 파이프라인과 운반 차량을 활용해 유럽으로 가져온다. 전기의 일부는 손실이 적은 고압 직류 송전선high-voltage direct-current cable; HVDC으로 전송할 수 있다. 정량적으로만 보면 이 개념과 계획은 충분히 실현될 수 있다. 이런 에너지 공급 시스템을 만들 수 있는 기술적 요소들도 오늘날 기본적으로는 다 활용이 가능하다. 물론 더 개발해서 완성하기는 해야겠지만 말이다. 정작 문제는, 그렇게 생산된 에너지의 단위당 비용이 심지어 환경 보호와 온실가스 배출 양상까지 고려하면서 화석에너지 자원을 계속 사용하는 비용보다 훨씬 더 비싸다는 것이다. 이른바 이 사하라 계획은 문제의 에너지 담체에 대한 정치적 접근 및 활용 가능성의 문제도 제기했다. 석유의 경우처럼 대량의 에너지를 중동에서 획득해야 하기 때문이다. 그럼에도 이 구상을 통해 우리는 다음과 같은 사실을 깨달을 수 있다. 에너지 가격이 아주 비싸도 기꺼이 용인할 태세라면 에너지 자원이 고갈되기까지 아직 시간이 많이 남았다는 걸 말이다. 물론 이렇게 높은 에너지 가격이 관련 국가들의 경제적 번영에 어떤 영향을 미칠지는 논외로 해야겠지만 말이다.

지열에너지

미래의 에너지 공급 풍경을 종합적으로 판단하려면 몇 가지 가능성을 더 검토해 보아야 한다. 깊이가 60미터 정도 되는 지표 근처의 지열에너지를 열펌프로 활용할 수 있다. 예컨대, 독일에서는 2008년 현재 30만 개 이상의 열펌프 시스템이 난방 목적에 활용되고 있다. 열펌프 기술은 완성 단계에 있다고 할 수 있다. 설계가 좋은 열펌프 시스템을 가동하면 1킬로와트시의 전기를 투입해 땅에서 난방열 3~4킬로와트시를 얻을 수 있다.

지구상의 어떤 곳들에서는 열수를 지하에서 꺼내 주거 지역의 난방에 활용할 수도 있다. 깊이 1,000미터당 섭씨로 약 30도씩 높아지는 통상의 온도차를 활용하는 기술도 현재 개발 중이지만 아직 요람기이다. 하지만 장기적으로는 이 기술을 활용해 에너지를 공급할 수 있다는 게 분명하다. 오늘날의 에너지 공급 구조보다는 비용이 더 들겠지만.

저장

어떤 에너지라도 공급을 하는 데서 가장 커다란 문제는 저장에 관한 사안이다. 양수 발전소를 통해서 전기를 간접적으로 저장하는 예외를 빼면 상당한 기간에 걸쳐서 전기를 대량으로 저장할 수 있는 시스템은 존재하지 않는다. 많은 기술이 현재 개발되고 있지만 여전히 만족스러운 해결책은 보이지 않는 것이다. 초자석 릴supra-magnetic spool, 회전 속도 조절 바퀴flywheel, 대형 배터리 시스템으로 전기를 저장하는 실험이 진행 중이다. 열은 온수, 단열이 잘된 화학 물질, 밸러스트gravel의 형태로 저장 시스템에 보관할 수 있다. 이들 시스템의 공통점은 단기간밖에 저장할 수 없다는 것이다.

우리가 향후에 새로운 에너지 저장 수단, 특히 열 저장 수단을 발견하는 데 성공한다면, 수많은 나라에서 에너지 공급 체계가 완전히 재편성될 것이다. 겨울에는 열병합 발전 시스템의 열을 탱커tanker로 꺼내 쓸 수 있고, 값비싼 운송 네트워크가 없어도 될 것이다. 대규모 태양열 시스템은 환절기와 겨울에 사용할 열을 여름에 생산할 수 있다. 풍력 기지는 생산한 전기를 저장 시스템으로 보냈다가, 소비자가 필요로 할 때 배전망에 공급할 수 있다. 그러나 현재 시점에서 이런 장밋빛 저장 기술이 발견될 기미가 도무지 안 보인다는 사실은 큰 불행이다.

대단위 지역의 에너지 운반

미래의 전기에너지 공급과 관련해 흥미로운 구상이 또 있다. 고압 직류 배전망을 활용해 대륙 전체를 연결한다는 계획이 바로 그것이다. 고압 직류 배전망을 활용하면 전기에너지를 별다른 손실 없이도 원거리로 운반할 수 있다. 오늘날 사용되는 교류 전기 기술로는 이를 실현할 수 없다. 이런 광범위 배전망이라면 예컨대, 지중해 지역의 따뜻한 기후와 스칸디나비아 반도의 추운 기후 사이의 차이뿐만 아니라 전기 소비의 시간차로 발생하는 이른바 최대량 문제도 균형을 잡아줄 수 있을 것이다. 필요하다면 지중해 지역의 태양열 발전소 전기를 독일로 운송하고, 거꾸로 독일의 풍력 전기를 남부 유럽으로 보낼 수도 있는 셈이다. 고압 직류 배전망을 가설할 수 있는 기술은 오늘날에도 존재한다. 그러나 이렇게 엄청난 에너지 운송망을 구축하자는 구상이 구체적으로 계획되지는 않고 있다. 경제적인 이유와 정치적인 이유가 둘 다 가세하고 있다. 그래도 굳이 찾자면 이런 유형의 전력선이 딱 한 개 존재한다. 독일 북부와 노르웨이 사이에 그런 배전망이 부설되어 있다.

집중화 대 탈집중화

기술 발달에 관한 논의는 완벽함을 주장하지 않는다. 그럼에도 미래의 에너지 공급 시스템에 포함시키려면 언급하지 않은 기술들에 대해서도 지금까지 논의한 기술들과 똑같은 기본 조건들이 적용되어야 한다.

에너지 공급의 미래 구조와 관련해 토론을 벌이는 과정에서 근본적으로 상이한 입장이 채택되는 경우가 잦다. 중앙 집권적 에너지 공급 구조를 지향하는 모형이 그 하나요, 분권적 시스템을 지향하는 입장이 다른 하나다. 소비자들에게 배전망으로 전기를 공급하는 대규모 발전소들은 집중화된 에너지 공급 구조의 요소로 간주된다. 그러나 수소 연료 전지, 모터로 가동되는 소규모 열병합 발전 시스템, 풍력 발전 시스템, 그리고 어쩌면 다양한 현장에 설치된 광전 변환 설비들은 분산적 에너지 공급 시스템으로 간주된다. 열 공급 분야에서도 집중 시스템과 분산 시스템을 병치해 볼 수 있다. 물론 규모가 더 작기는 하지만. 배관이 모든 가구로 연결된 대규모의 천연가스 공급 시스템과 대도시에 광범위하게 분포한 지역난방열 파이프 네트워크는 중앙 집권적 에너지 공급 구조라 할 수 있고, 나무를 때는 난로, 기름을 때는 중앙난방 시설, 그리고 어쩌면 지열에너지 시스템은 탈집중화된 구조라고 볼 수 있다. 어쨌든 기존의 전기와 열 공급 시스템이 중앙 집권적 방향을 강하게 고수하고 있다는 것은 분명하다.

이들 에너지 공급 구조 각각에 대한 찬반양론이 존재한다. 대규모 시스템을 지지하는 한 가지 주장으로, 이것들이 규모의 경제를 달성해 특수한 구체적 투자 비용을 절감해 준다는 내용이 있다. 예비 용량에 한계를 둘 수 있다는 점, 시스템 사용 불능시에도 공급의 안정성을 유지할 수 있다는 점도 집중화된 공급 구조에 찬성하는 또 다른 주장들이다. 중앙 집권적 공급 구조에서는 독일 루르 강 유역의 석탄 화력 발전소나 알프스 산맥 국가들과 노르웨이의 수력 발전소처럼 다양한 에너지 담체를 더 효율적으로 활용하는 것도 가능하다. 반면 분산적 에너지 공급 구조를 지지하는 사람들은 대규모 공급 시스템이 자연 재해와 테러 공격에 취약하고, 대규모 배급망에서 에너지가 손실되며, 마지막으로 말하지만 아주 중요한 것으로, 에너지 공급의 통제권이 정치적 · 경제적으로 대기업들에 집중된다는 문제를 지적한다.

집중과 분산에 관한 논의는 상이한 미래 구상으로 연결된다. 정량적인 관점에서만 보면 이론상으로는 완전히 중앙 집권적인 에너지 공급 구조를 설계하는 것도 가능하고, 마찬가지로 완전히 분권적인 에너지 공급 시스템을 설계하는 것도 가능하다. 문제는 경제적이고, 기술적이며, 정치적인 수많은 제약 조건들을 고려할 때 이런 시스템들을 실제로 어느 정도까지 구현할 수 있느냐일 테다. "집중"과 "분산"이라는 범주 구분이 논의를 인위적으로 규정하는 것은 아닌가 하는 의문이 생기기도 한다. 예컨대, 수많은 연료 전지를 사용해 전기를 생산하는 것이 탈집중화된 활동임은 명약관화하다. 그러나 연료 전지에 천연가스를, 나아가 미래에는 수소를 공급해야 한다면? 천연가스와 수소가 대규모 파이프라인 시스템으로 공급된다면 적어도 공급 측면만큼은 집중적 에너지 기술이라고 해야 할 것이다. 기름을 때는 중앙난방 시설의 열 생산도 대규모 유전과 정유소를 생각한다면 집중화된 요소라고 할 수 있다.

미래를 향해 내딛는 최선의 발걸음은 향후의 에너지 공급 구조에 최대한 많은 요소와 기술을 결합하고자 노력하는 길일지도 모른다. 이런 시스템이라야 끊임없이 바뀌는 도전적 사태에 가장 효과적으로 대응할 수 있을 것이다. 이런 시스템은 집중의 요소와 분산의 요소를 두루 갖추고 있을 것이다.

제9부

에너지의 도전: 기회를 활용하기

22 사실들

다시 한 번 행동의 기초가 되는 여러 사실들과 실천의 가능성을 정리해 보는 게 좋을 것 같다.

에너지를 입수해 활용하는 활동은 인간이 존엄하게 사는 데 있어 필요조건이다. 우리는 일상생활에서 다양한 형태의 에너지를 필요로 한다. 기계적 에너지는 각종 장비와 자동차를 움직인다. 열에너지는 물을 데우고, 터빈을 가동시킨다. 우리는 전기에너지를 활용해 통신을 하고, 조명을 사용하며, 전자레인지로 조리를 한다. 화학에너지는 석탄, 석유, 휘발유, 천연가스에 들어 있다. 자연이 우리에게 제공하는 에너지 형태를 1차 에너지라고 한다. 1차 에너지는 기술적으로 사용 가능한 에너지 형태로 변환되어야만 한다. 그래서 우리에게 발전소, 정유 공장, 가스 파이프라인, 태양열 집열기, 풍력에너지 시스템, 원자력 발전소가 필요한 것이다. 또한 에너지를 공급해 주는 기반 시설인 운송 시스템(파이프라인, 송전선, 유조선)을 여기에 보태야 할 것이다. 거기다 소비자들은 에너지 서비스를 필요로 한다. 난방, 조명, 산업 부문의 공정열과 정보가 그런 것들이다. 소비자들에게 에너지를 풍족하게 공급할지, 혹은 빈약하게 제공할지는 첫째, 물리학의 법칙, 둘째, 시스템의 기술 수준, 곧 에너지 효율, 셋째, 건물을 난방하는 경우 단열 상태에 좌우된다.

세계 인구는 꾸준히 증가하고 있다. 2006년에 전 세계 인구는 66억 명을 기록했다. 현재 전 세계의 에너지 소비는 세계 인구의 급격한 증가를 동일한 비율로 따라잡지 못하고 있다. 그러나 비록 그렇기는 해도 전 세계의 에너지 소비는 지난 50년 동안 꾸준히 증가했다. 사람들은 사용하는 에너지의 양이 서로 다르다. 에너지 소비량의 가장 커다란 몫은 선진국 주민들의 필요를 충족하기 위해 사용된다. 이들 국가에 전 세계 인구의 약 20퍼센트가 살고 있다. 그런데 그들이 전 세계 1차 에너지 소비량의 50퍼센트를 사용한다. 인구 증가는 주로 발전도상국들과 신흥 시장 국가들에서 이루어지고 있는데 말이다. 선진국들의 인구 증가 속도는 그렇게 대단하지가 않다. 예컨대, 독일은 전 세계 인구의 1.3퍼센트를 차지하는데, 전 세계 1차 에너지 생산량의 3.5퍼센트를 사용한다.

모든 형태의 에너지가 다 똑같은 것은 아니다. 각각의 에너지원은 취급의 용이성 측면에서 서로 다르다. 석탄, 석유, 천연가스를 사용하면 공기 오염 물질과 온실가스인 이산화탄소가 배출된다. 연소 과정에서 나오는 공기 오염 물질을 제거하기 위해 연도 가스 세척 공법이 활용된다. 여기에는 기술 지식은 물론 추가적인 투자가 필요하다. 이로 인해 발전 비용이 약 20퍼센트 더 비싸진다. 발전도상국들의 소비자들에게 이것은 상당한 비용이다. 탄화수소 석유와 천연가스는 부존자원 가운데서 그것들이 차지하는 몫에 비추어볼 때 전 세계에서 아주 빠른 속도로 사용, 고갈되고 있다. 석유는 모든 에너지원 가운데서 에너지 밀도가 가장 높다. 저장할 수 있고, 다루기 쉽다. 전 세계 이동 수단의 80퍼센트가 석유 제품을 연료로 사용하는 이유다. 석유는 여러 나라에서 전기 생산용으로도 사용된다. 배급망 에너지원인 천연가스는 자본 집약적이라는 특성을 갖는다. 이는 전기도 마찬가지이다. 천연가스는 연소할 때 다른 화석에너지원보다 공기 오염 물질과 이산화탄소를 덜 배출한다.

핵에너지를 사용하려면 안전 의식이 높아야 하고, 기술적 방호 기준이 엄격해야 하며, 자본 집약적 에너지 기술에 재원을 투자할 수 있어야 한다. 원자력 발전이 주로 선진국들의 기술인 이유이다. 그러나 용인할지 말지 여부 속에서 원자력 발전을 중단하기로 한 나라들도 있다.

재생 가능 에너지는 굉장히 다양한 형태로 사용된다. 여기에 다양한 기술이 개입함은 두말할 나위가 없다. 태양열이 풍부한 지역에서 물을 데우는 데 태양열을 사용하는 것은 간단한 기술이기 때문에 아주 광범위하게 활용된다. 풍력에너지 시스템을 이용한 전기 생산, 태양광 발전소, 특히 광전 변환 발전은 기술적으로 더 복잡하고, 비용도 더 많이 든다. 발전도상국들이 재생 가능 에너지를 지금 당장 이용할 수 없는 이유이다. 나무는 빈민의 연료이다. 발전도상국의 농촌 지역에서는 나무가 주된 에너지 공급원이다. 그러나 나무는 지속가능한 정도로 재생될 수 없을 만큼 광범위하게 사용되는 일이 빈번하다. 사막화와 카르스트 지형이 만들어지는 건 그 결과다.

에너지는 상품이다. 세계 시장과 대다수의 국내 시장에서 한 에너지원의 가격은 그 에너지원의 품질 기준이 고려된 가운데서 수요와 공급에 의해 결정된다. 탄화수소 석유와 천연가스 수요가 지난 몇 년 동안 아시아와 남아메리카의 신흥 시장 국가들에서 크게 증가했다. 생산 능력을 새롭게 개발하는 추이와 정치적 활용 가능성(예컨대, 중동의 전쟁으로 인해)이 이런 수요 증가를 따라잡지 못했다. 그 결과 석유와 천연가스의 가격이 상당히 올랐고, 선진국들의 경제는 커다란 부담을 떠안게 됐다. 그럼에도 이들 선진 공업국들은 계속해서 수출을 증대해 에너지를 사는 데 필요한 돈을 벌 수 있다. 석유를 수출하는 국가들을 상대로 하는 수출 행위도 거기에 포함된다. 반면 발전도상국들은 에너지를 구매할 수 있는 외화 획득의 가능성이 매우 제한적이다. 세계 시장에서 에너지 가격이 상승하면 발전도상국들은 결국 석유 수입이나 기타 수입을 삭감해야 한다. 경제를 개발하고, 국민에게 적당한 생활수준을 제공해 줄 수 있는 가능성이 이와 함께 줄어들게 된다. 따라서 수요를 줄임으로써 에너지 가격을 낮게 유지하는 게 윤리적 행위로서 권장된다. 예컨대, 에너지를 절약하는 방법을 통해서 그렇게 할 수 있다.

23 재생 가능 에너지: 미래의 희망

전 세계의 기존 에너지 공급 경관, 특히 다수의 선진국을 보면 전체 에너지 소비의 80퍼센트 이상이 석탄, 석유, 천연가스임을 알 수 있다. 오늘날까지는 수력 전기가 재생 가능 에너지의 가장 커다란 몫을 차지한다. 재생 가능 에너지의 잠재력은 전 세계적으로 아직 충분히 개화되지 않았다. 두 가지 커다란 장애물을 극복해야 이를 실현할 수 있다. 지구에 도달하는 태양에너지의 에너지 밀도가 낮다는 점이 그 하나다. 많은 면적을 활용해 태양에너지를 집열해야만 하는 이유다. 이 때문에 화석에너지원을 활용하는 활동보다 태양에너지 활용에 훨씬 더 많은 투자가 소요된다. 이산화탄소 배출권에 따른 추가 비용과 공기 오염 물질 제거에 필요한 갖가지 투자를 고려하더라도 이 사실에는 변함이 없다. 재생 가능 에너지를 활용하기가 어려운 두 번째 이유는 태양 및 풍력에너지가 요동을 친다는 사실에서 비롯한다. 더구나 이것들은 저장하기도 힘들다. 계절 변동에 따라 열에너지를 양질의 상태로 저장할 수도, 전기에너지로 변환해 대량으로 저장할 수단도 아직까지는 없기 때문이다.

미래 에너지 공급 사안의 핵심 문제이자 에너지 연구와 기술 개발 활동의 중심 테마는 저장이다. 태양 및 풍력에너지가 화석 및 핵에너지를 대체하고 있다. 그러나 이것들은 기존의 발전소와 열 생산 시스템을 의미 있을 정도로 대체하지 못하고 있다. 태양 및 풍력에너지에는 기존의 설비가 보완 시스템으로 필요하다. 재생 가능 에너지를 활용하는 노력과 활동에 추가로 비용이 들어가는 이유이다. 엄격한 사업 운영적 관점에서 풍력에너지가 경쟁력을 갖추려면 무연탄 가격이 세 배 폭등해야만 할 것이다. 광전 변환 설비로 햇빛을 활용해 발전을 하는 것도 현재는 이 설비의 비용 때문에 경쟁력을 갖지 못한다. 기술이 도약해 광전 변환 설비의 비용이 대폭 감소하면 태양에너지 공급 기술이 대규모로 도입될 수 있을 것이다.

수력 전기는 큰 강에서라면 영구적으로 활용할 수 있다. 바이오매스는 저장이 가능하다. 그런 까닭에 두 에너지원이 전 세계의 에너지 공급 경관에서 나름의 지위를 차지하고 있다. 둘 다 미래의 전망도 밝다고 할 수 있다.

24 에너지를 덜 소비하는 미래

전 세계 에너지 공급 체계의 미래상을 구성하는 핵심 단위 하나는 에너지를 가급적 덜 사용하는 활동이다. 두 가지를 구별해야만 한다. 대중이 에너지를 덜 소비해서 절약하는 행태와, 기술 개발을 통해 시스템 및 장비가 오늘날 소모하는 양보다 덜 사용하게 되는 절약이 그 두 가지 내용이다. 선진국들에서는 지금 당장이라도 행동 관련 감축 가능성을 채택할 수 있다. 이것만으로도 약 10~15퍼센트를 절약하는 게 가능하다. 필요한 것은 의지뿐이다. 반면 기술적 감축의 가능성은 기술 개발과 혁신적 창의를 통해서만 실현할 수 있다.

에너지 기술은 지난 수십 년 동안 끊임없이 더 높은 효율을 달성해 왔다. 발전소들은 불과 40년 만에 전력 1킬로와트시를 생산하는 데 필요한 탄소의 양을 절반으로 줄였다. 건물을 난방하는 활동에서도 에너지를 엄청나게 감축할 수 있다. 선진국들은 건물들을 추가로 단열해 난방 에너지를 절반으로 줄일 수도 있다. 오늘날 새로운 건물들은 이른바 "3리터 기준"에 맞춰 지어지고 있다. 3리터 기준이란 1제곱미터의 주거 공간을 한 해 동안 난방하는 데 석유 3리터(또는 천연가스 3세제곱미터)의 에너지면 족하다는 얘기이다. 전기 기구와 장비 역시 에너지 효율이 대단히 높아졌다. 이건 차량의 엔진도 마찬가지이다.

그러나 발전도상국과 신흥 시장 국가 들은 물론이고 선진국들에서도 소비자들의 에너지 수요가 크게 늘어났다. 신흥 시장 국가들은 선진국들이 밟아온 것과 동일한 경로를 따르려 애쓰고 있다. 그들이 더 많은 에너지를 필요로 하는 이유다. 선진국들에서도 에너지 서비스가 더 많이 요구되고 있다. 예컨대, 독일에서는 1인당 사용하는 주거 공간이 계속 커지고 있고, 사용하는 전기 기구 수가 늘어나고 있으며, 더 긴 거리를 운전하거나 날아다닌다. 기술 향상으로 근년에 거둔 절약의 결실이 이런 행동 양태 속에서 몽땅 사라져버렸다. 20년 전과 똑같은 양의 에너지가 여전히 소비되고 있다는 게 사태의 진실이다. 에너지 소비가 정체하고 있는 것인지도 모른다. 그러나 뚜렷하게 하락하고 있지도 않다.

발전소, 정유소, 기타 에너지 변환 시스템, 가내 설비의 에너지 효율은 급격하게가 아니라, 꾸준한 개선에 힘입어 느리게 나아지고 있다. 수십 년이 지나야 기존의 발전 설비가 교체되고, 건물들도 개보수될 것이다. 에너지 공급 체계의 구조 변화도 오랜 시간이 걸릴 것이다. 해당 체계에 많은 자본이 투입되었다면 단기간의 급격한 변화는 불가능하다.

우리가 에너지를 아무리 합리적으로 취급하려고 노력한다 해도 전 세계의 1차 에너지 소비량은 증가할 것이다. 아시아와 남아메리카의 신흥 시장 국가들의 수요가 계속 증가하고 있기 때문이다. 에너지를 절약하는 노력과 활동이 이런 증가세를 둔화시키기는 하겠지만 완벽하게 벌충할 수는 없을 것이다.

25 값싼 에너지는 고갈되고 있다

현재까지 전 세계의 에너지 공급은, 석유 가격으로 표현해 배럴당 20달러 이하, 곧 원유 리터당 약 9유로센트 이하의 가격으로 생산되는 에너지원들에 기초해 왔다. 운송과 정유소 가공에 들어가는 비용도 있다. 이런 비용들을 계상하면, 소비자는 리터당 20센트를 약간 상회하는 가격으로 제품을 구매하게 된다. 2007년에는 세금을 전혀 부과하지 않은 가격이 리터당 약 50센트였다. 전 세계가 지금까지 값싼 에너지를 이용해 왔다는 걸 알 수 있다.

활용이 가능한 에너지 자원은 이미 충분히 파악이 된 상태다. 그런 자원을 채굴하는 것은 기술적으로 가능하고, 오늘날의 에너지 가격을 고려하면 시장성도 높다. 이런 "부존자원" 외에 이른바 "자원"이라는 것도 있다. "자원"은 현행의 시장 가격을 고려할 때 엄청나게 비싼 비용을 들여야만 채굴할 수 있거나, 아직은 채굴이 기술적으로 불가능한 광상을 가리킨다. 가스 하이드레이트가 그런 "자원"의 예이다. 현행의 에너지원들이 얼마나 지속 유지될지와 관련해 종종 발표되는 통계, 예컨대 석유는 40년, 천연가스는 60년이라는 말들은 기지의 부존자원과 특정 연도의 소비량 사이의 관계를 알려준다. 둘 다 변할 수 있다. 가격이 상승하고, 채굴 기술이 개발되면 "자원"이 "부존자원"이 된다. 세계 인구의 성장, 에너지 효율성 강화 조치, 에너지 단가가 차례로 소비에 영향을 미쳐왔다. 그래서 부존자원의 수명이 매년 바뀌는 것이다. 자원은 언젠가 분명히 고갈될 것이다. 그러나 향후 40년 안에 석유가 그렇게 될 것 같지는 않다. 석유 채굴 비용이 배럴당 20달러에서 40달러로 두 배 치솟으면 오늘날까지 소비된 것보다 더 많은 부존자원을 활용할 수 있을 것이다. 캐나다의 유사油砂, oil sand가 대표적인 보기이다.

이런 숙고를 통해 미래 에너지원들의 채굴 비용과 시장 가격이 더욱 비싸지리라는 것을 깨달을 수 있다.

에너지 자원은 전 세계에 불균등하게 분포한다. 무연탄은 모든 대륙에서 채굴되지만 석유 광상은 중동과 중남미에 집중되어 있다. 오늘날 알려진 전 세계 천연가스 부존자원의 약 70퍼센트가 시베리아, 카스피 해, 중동을 연결하는 전략적 지대에 분포한다. 반면 우라늄 광상과 재생 가능 에너지원 들은 전 세계에 고루 흩어져 있다.

자원의 양 이외에 해당 에너지원을 정치적으로 획득해 활용하는 사안도 문제가 된다. 주요 석유 광상은 무슬림 국가들에 위치하고 있다. 장기적으로 보면 무슬림 국가들도 경제적 합리성에 따라 행동한다. 그들도 자국 경제를 유지하려면 석유를 판매해 외화를 획득해야만 하는 것이다. 그러나 단기적으로 보면 그들은 경제적 합리성을 팽개치고 정치적 동기에 따라 행동하는 일이 여러 차례 있었다. 에너지를 안정적으로 공급하는 과제가 향후 몇 십 년 동안 중요한 사안 가운데 하나가 되는 이유이다. "안정성"이라는 단어는 양적 활용 가능성의 의미 너머로까지 확장된다. 에너지 공급 방해는 범죄 행동과 테러 공격의 목표가 될 수 있다. 에너지를 안정적으로 공급하려면 세계인들의 대화가 필요하다. 우리는 이제 막 그 첫 발을 내딛었다.

26 미래를 전망함

향후 20~40년 동안 인류의 미래 에너지 공급 풍경은 어떤 모습일까? 석탄, 석유, 천연가스가 에너지 공급 구조에서 여전히 상당한 몫을 차지하고 있을 것이다. 몇몇 나라에서는 핵에너지가 이들 에너지원을 보충해 주고 있을 것이다. 다수 국가에서는 재생 가능 에너지가 에너지 공급 구조로 꾸준하게 점점 더 많이 도입될 것이다. 장기적으로 보면 에너지 가격이 상승해 절약 행동이 활성화되고, 전기기구의 효율성도 개선될 것이다. 그러나 에너지 공급이라는 목표를 놓고 갈등도 벌어질 것이다. 예컨대, 기후를 보호하기 위해 이산화탄소를 분리하는 노력은 발전소의 에너지 효율성을 떨어뜨린다. 지난 30년 동안 에너지 효율성을 증대하면서 거둔 혁혁한 성공들이 이 부문에서 사실상 무위로 돌아가고 말 것이다.

우리는 전 세계 에너지 소비의 불균형 상태를 바로잡아야 할 윤리적 당위에 직면해 있다. 그러려면 에너지 가격이 상승하는 것을 제한하는 조치들이 필요하다. 더 효율적으로 에너지를 변환하는 등의 에너지 절약 조치들과 새로운 에너지원 활용은 말할 것도 없다. 이런 방법을 써야만 가난한 나라들도 세계 시장에서 그럭저럭 에너지를 획득할 수 있다.

기술적으로만 얘기하면 미래의 에너지 공급 구조에 통합될 수 있는 많은 선택안들이 현재 개발 중이다. 예컨대, 수소 연료 전지가 탈집중화된 방법으로 전기와 열을 생산할 것이다. 원자력 발전소와 재생 가능 에너지원의 전기로 물을 분해해 수소를 얻어, 저장까지 할 수 있다. 지하 깊은 곳의 지열에너지를 활용할 수 있는 가능성도 열려 있다.

"인류가 사용할 에너지가 고갈되고 있는가?" 미래를 전망하는 질문으로서 적절하진 않지만 그래도 대답을 해보자. "그렇다. 싸고, 쉽게 활용 가능한 에너지는 고갈되고 있다. 그러나 비싼 에너지는 그렇지 않다." 다음의 두 가지 질문이 더 유효하다. "선진국과 발전도상국의 에너지 소비 불균형과 생활수준의 현격한 차이를 어떻게 줄일 수 있나?" "결국 에너지에 훨씬 더 많은 비용을 치러야 하는 상황을 경제적으로 어떻게 뒷받침할 수 있는가?"

선진국들은 각종 에너지원을 활용하고, 에너지 기술을 개량할 수 있는 가능성과 선택안이 많다. 모든 나라에서 감축의 가능성 또한 여전하다. 유럽연합은 역내의 에너지 자원이 부족하기 때문에 많은 에너지를 세계 시장에서 사와야 한다. 유럽연합의 에너지 공급이 세계사의 사건들과 단단히 묶여 있는 이유다. 유럽연합은 기후 보호와 공기 오염 물질 감축이라는 야심찬 목표도 추진하고 있다. 미래의 에너지 공급 체계는 최대한 균형 잡힌 태세로 다음을 지향해야만 한다.

— 충분히 안정적인 에너지 공급
— 알맞은 에너지 가격을 바탕으로 사업 활동의 경쟁력을 뒷받침할 것
— 기후와 환경에 우호적인 에너지 공급
— 사람들이 용인하는 에너지원 사용

이를 실현하려면 지속적인 토론과 의사결정 과정이 필요하다. 현행의 장기 불확실성을 감안하면 여러 가지 선택안을 최대한 많이 열어두는 에너지 공급 체계가 최선의 선택일 것이다. 이를 위한 구체적 조치들을 생각해 보자. 온갖 에너지원을 두루 사용하기. 에너지 효율성을 추가로 증대하고, 에너지 절약 의식도 제고하기. 정책 입안자들과 국민이 에너지 공급과 관련된 기초적 사실들과 미래의 지향을 앞에 놓고 지속적으로 대화하기. 그리고 혁신적인 에너지 기술을 최대한 많이 개발해 시장에 도입하는 활동과 노력이 필수적이다. 그러려면 연구 개발 활동에 매진하고, 양질의 교육과 훈련을 제공해야 한다.

미래의 에너지 공급은 만만찮은 도전 과제이다. 우리는 이 사안을 외면하고 도망칠 수 없다. 그러나 우리는 능히 대처할 수 있을 만큼 잘 준비되어 있다. 우리는 바라고 원하는 대로 하기만 하면 된다.

용어 설명

1차 에너지원 Primary energy source 자연이 제공하는 원래 형태 그대로로, 아직 인류가 가공하지 않은 상태의 에너지원.

1차 채수 Primary recovery 광상에 구멍을 뚫고, 지각이 광상에 미치는 압력을 활용해 원유를 지표로 추출해 내는 채수 방법. 이 방법으로 광상의 석유를 약 4분의 1 정도 꺼낼 수 있다.

2차 채수 Secondary recovery 뚫어놓은 광상에 수증기나 이산화탄소를 집어넣어 추가로 압력을 발생시키는 석유 생산 방법. 2차 채수로 석유를 더 뽑아낼 수 있다.

3차 채수 Tertiary recovery 광상에 화학 물질을 주입해 원유의 점도를 떨어뜨리면 추가로 새롭게 석유를 추출할 수 있다.

가열 가스 Heating gas 열 교환기에서 물과 공기를 데우는 뜨거운 연소 가스를 집합적으로 지칭하는 용어. 화석에너지원이나 바이오매스는 물론이고 폐기물도 태울 수 있다.

경수형 원자로 Light Water Reactor; LWR 감속재 겸 냉각재로 물을 사용하는 원자로. 전 세계적으로 가장 흔한 형태의 원자로이다.

경제협력발전기구-국제에너지기구 OECD-IEA 경제협력발전기구(Organization for Economic Cooperation and Development)는 선진국들의 모임이다. OECD가 운영하는 국제에너지기구(International Energy Agency)는 에너지 부족 사태가 발생할 때 노정되는 위기 관리를 책임진다. 세계 에너지 시장을 관찰 분석하는 것도 국제에너지기구의 임무이다.

고온 (기체 냉각) 원자로 High-temperature Reactor 물이 아니라 흑연으로 반응을 조절하는 원자로.

광분해 Photolysis 햇빛으로 물을 직접 수소와 산소로 분해하는 절차로, 초보 단계의 연구가 진행 중이다.

광산화물 Photo-oxidants 예컨대, 오존처럼 햇빛의 영향으로 대기 중의 전구물질에서 만들어지는 화학적 공기 오염 물질.

광전 변환 전지 Photovoltaic (solar) cells 빛이 흡수되어 직접 전기에너지로 변환되는 얇은 반도체 층으로, 대개 실리콘 소재이다. 실리콘 소재의 광전지는 결정 형태에 따라 단결정 실리콘, 다결정 실리콘, 비결정질 실리콘으로 나뉜다.

국민총생산 Gross National Product ; GNP 국민 경제가 한 해 동안 소비하고, 투자하고, 수출한 온갖 재화와 서비스에서 수입을 뺀 화폐 가치. 국가 경제의 수입과 동일하다.

독점 Monopoly 공급자 하나 또는 폐쇄적인 공급자 집단이 시장을 지배하는 현상. 소수의 공급자가 담합 정책을 쓴다면 부분 독점이라고 할 수 있다.

동위원소 Isotope 자연적으로 존재하거나 인위적으로 만든 방사능 원자들. 동위원소는 붕괴하면 서로 다른 화학 원소가 된다.

물의 전기 분해 Electrolysis of water 전기에너지를 사용해 물을 수소와 산소로 분해하는 절차.

바이오매스(생물량) Biomass 식물과 동물의 자연 물질. 탄화수소 사이클 속에서 지속적으로 새롭게 형성된다.

발열량(연소열) Heating value 석유와 천연가스가 연소 과정에서 열로 방출하는 에너지의 양. 물로 재변환되는 수증기의 응축열은 고려하지 않는다.

발효Fermentation 박테리아(세균), 균사체, 배양 세포로 생체 물질을 변환시키는 것. 공기 없이 이 과정이 수행될 때 무기(無氣, anaerobic) 발효라고 한다.

배럴Barrel 석유를 계량하는 단위. 1배럴=159리터.

배출(량) Emissions 공기 오염 물질과 온실가스를 대기 중으로 방출하는 것(또는 그 양).

변환 시스템 Transformation system 여러 형태의 바이오매스를 화학 및 생물학 공정을 적용해 기체 및 액체 에너지원으로 바꾸는 시스템.

부존자원Reserves 에너지량 가운데서 위치를 정확히 알고, 현행의 기술로도 채산성을 맞춰 채굴할 수 있는 에너지의 몫.

부존자원/생산율 Reserves/production ratio 특정 시점에서 소비되는 특정 에너지원의 양에 대한 부존자원의 비율.

생물학적 산화 Biological oxidation 고에너지의 유기 화합물이 서서히 산화하면서 전기를 생성하는 반응.

석유수출국기구OPEC 1960년에 설립된 석유 수출국들의 기구로, 빈에 본부가 있다. OPEC 국가들은 채굴 비용이 싼 석유를 많은 양 보유하고 있다.

수소 연료 전지 Hydrogen fuel cells 대기 중의 산소를 활용해 수소(순수하거나 수소를 함유한 연료의 형태이다)를 촉매 작용으로 "연소시켜," 전기를 생산하는 장치.

에너지 상품 거래 Energy commodity trading 상품거래소에서 전기와 천연가스를 거래하는 일. 시장 규제가 철폐되면서 과거 어느 때보다 더 많은 양의 배급망 에너지가 상품거래소에서 거래되고 있다.

에너지 서비스 Energy services 소비자들은 에너지를 필요로 한다. 예컨대, 쾌적한 온도의 방과 정보 따위는 에너지원을 사용해 충족할 수 있다.

에너지 효율 Energy efficiency 에너지 변환을 개량하는 온갖 기술 조치를 포괄적으로 지칭하는 용어. 에너지 효율이 좋을수록 예컨대, 발전소라면 생산되는 전력 킬로와트시당 투입되는 석탄의 양이 더 적을 테고, 자동차라면 같은 양의 연료로 주행할 수 있는 거리가 더 길 것이다. 에너지 효율이라는 말 대신 "효율적인 에너지 사용"이나 "효율적인 에너지 변환"이라는 개념도 빈번하게 사용된다.

에너지량Energy stock 알려졌고, 추정되는 1차 에너지 광상 전부. "부존자원"과 "자원"으로 나눌 수 있다.

에너지원Energy source 1차 에너지원은 물론이고 2차 및 최종 에너지도 뜻할 수 있는 일상용어. 에너지 절약마저 에너지원으로 말하는 일이 잦다.

열병합 발전 Cogeneration of heat and power: CHP 열병합 발전은 산업 공정열과 지역난방열을 동시에 제공한다. 전기와 열을 별도로 생산하는 방식과 비교해 산출 에너지를 최대 15퍼센트까지 절약해 준다.

영구 기관 Perpetual-motion machine 추가 에너지를 전혀 보충해 주지 않아도 가동되는 가상의 엔진을 가리키는 일반 용어. 물리학 법칙에 따르면 이는 불가능하다.

온실 효과 Greenhouse effect 이산화탄소나 수증기 같은 기체들이 지구 표면으로 입사되는 단파장 태양 복사는 거의 그대로 통과시키면서도 지구 표면과 저층 대기에서 반사되는 장파장 열복사는 대부분 흡수해 버리는 현상. 석탄, 석유, 천연가스를 사용하면서 추가로 이산화탄소가 배출되었고, 대기의 온도가 상승하고 있다.

우라늄Uranium(U-235 & U-238) 지구상에 존재하는 가장 무거운 원소. 방사성 물질이다. 양성자 92개와, 중성자 143개(U-235) 내지 146개(U-238)로 구성된다. 천연 우라늄의 99.3퍼센트는 우라늄-235이고, 나머지 0.7퍼센트가 우라늄-238이다. 우라늄-235는 원자로의 핵연료로 사용된다.

원유Crude oil 지구 표면으로 뽑아냈을 때 볼 수 있는 석유의 형태. 다양한 탄화수소들이 복잡하게 섞여 있는 혼합물로, 그 발생 기원에 따라 조성과 특징이 다르다.

응축 에너지 Condensation energy 수증기가 냉각되어 물로 액화될 때 해방되는 열.

이산화탄소 Carbon dioxide ; CO_2 무색, 무독성의 불연성 기체로, 숨을 내쉬거나 탄소를 함유한 에너지원을 연소시킬 때 발생한다. 온실가스로 중요한 의미가 있다.

이산화황 Sulfur dioxide ; SO_2 무색의 오염성 기체로, 냄새가 지독하다. 황을 함유한 연료(석탄, 석유, 바이오매스)를 연소시킬 때 발생한다.

일산화탄소 Carbon monoxide ; CO 무색, 무취의 독성 기체로, 산소가 충분히 공급되지 않은 상태에서 탄소를 함유한 물질을 연소시킬 때 발생한다.

자원 Resources 에너지량 가운데서 지질학적으로 증명되었거나 추정되기는 하지만 아직 채굴 기술이 따라주지 못하고/거나 경제적으로 채산성이 맞지 않는 에너지의 몫.

작업 시간 Duration time 풍력 및 태양에너지 설비는 연중 단속적으로 전기를 생산한다. 시스템 활용 가능성에 제한이 따르기 때문이다. 시스템이 연간 발전량을 채우기 위해 최대 산출 속도로 계속 가동돼야만 하는 가상의 시간을 작업 시간이라고 한다. 독일에서는 광전 변환 설비의 작업 시간이 최대 1,000시간이다. 육상의 풍력 시스템은 작업 시간이 1,600~2,200시간이다. 해상의 경우는 약 4,000시간이다.

지열에너지 Geothermal energy 깊이가 1킬로미터 늘어날 때마다 섭씨 약 30도씩 올라가는 지각의 열. 땅속에는 열수 광상과 초고온 암반층도 있다.

천연가스 Natural gas 주로 메탄(CH_4)이다. 통상 가스 형태이고, 탄소 원자 하나와 수소 원자 네 개로 구성된 탄화수소 분자가 메탄이다.

최종 에너지 End-use energy 소비자들이 각자의 에너지 수요(가구, 산업, 상거래, 서비스)를 충족하기 위해 사용하는 에너지.

탄화(건류) 가스 Carbonization gas 예컨대, 숯을 만들 때처럼 공기를 차단하고, 고온을 조성해 만드는 가스.

탈규제(규제 철폐) Deregulation 규제가 철폐된 에너지 시장에서는 전기나 가스 같은 특정 산업을 기업들이 독점하지 못한다. 소비자들은 가장 마음에 드는 기업한테서 에너지를 구매할 수 있다.

태양열 발전소 Solar-thermal power station 흔히 태양열이 풍부한 적도대에 위치하고 있다. 지리적으로 중요성이 덜한 넓은 지역에 직접 복사되는 햇빛을 다수의 거울로 열 흡수기에 집중시키는 방법이 사용된다. 400~700도에 이르는 열로 발전소를 가동시킨다.

태양열 집열기 Solar-thermal collectors 높은 정도로 태양 빛을 흡수해, 최고 90도까지 쓸 만한 열로 변환해 주는 대개 평평한 수집기.

합작 파트너 Limited partner 경영 관리를 하지 않는, 기업의 재정 조합원. 육상의 풍력 기지들은 합자 회사들이 돈을 댔다.

핵분열Nuclear fission 우라늄 원자핵처럼 무거운 원자핵들이 분열해 핵에너지를 산출하는 것.

핵융합Fusion 가장 가벼운 원자인 수소의 원자핵들이 융합해 조금 더 무거운 헬륨 원자핵을 만들면서 에너지를 산출하는 것.

현물 시장 Spot market 소수가 석유를 사고파는 거래소. 가격이 시시각각으로 변한다.

화석에너지원Fossil energy sources 석탄, 석유, 천연가스. 이것들은 태우면 다양한 양의 이산화탄소를 배출한다.

효율성Degree of effectiveness 사용된 에너지량(투입)에 대하여 변환 시스템(발전소, 보일러)이 생성해 내는 에너지량(산출)의 비율. 항상 100퍼센트 미만이다.

참고 문헌 및 그림 출처

제2장 에너지 소비와 인구 증가

Tatyana P. Soubbotina. *Beyond Economic Growth-An Introduction to Sustainable Development*, 2nd edition, The World Bank, Washington, D.C.: 2004. 세계은행 보고서는 전 세계의 소득 불균형 문제를 다룬다. 이 책에는 통계 자료 말고도 빈국들을 지원할 수 있는 여러 방안이 소개되고 있다.

제7장 에너지 사용은 윤리적 문제

J. Mathur & H.-J & Wagner, N.K. Bansal. *Energy Security, Climate Change and Sustainable Development*, Anarnaya Publishes, New Dehli: 2007. 이 책에는 다른 저자들의 기고문도 많이 들어 있다. T. J. Petrovic & H.- J. Wagner는 "How Sustainable Are Renewable Energy Systems?"에서 각종 에너지원의 평가 지표를 선택하고 적용하는 문제를 다룬다.

제8장 에너지의 미래

Klaus Heinloth. *Die Energiefrage-The Energy Issue*(in German), Viehweg-Verlag, Brunswick / Wiesbaden, 2nd printing: 2003. 이 책은 미래의 에너지 수요를 어떻게 해야 충족할 수 있는지 설명한다. 현재 상황 분석에서 출발하는 이 책은 선택할 수 있는 구체적인 수단의 기술적 · 물리적 가능성과 잠재력을 검토한 다음, 마지막으로 미래 에너지 공급 구조의 시나리오를 제시한다. 저자의 물리적 · 기술적 접근법은 관련 사안들을 정량적으로 분석한다.

* 그림은 모두 Peter Palm, Berlin

옮긴이의 말

이 책은 헤르만-요제프 바그너가 쓴 『21세기의 에너지』*Was sind die Energie des 21. Jahrhunderts?*를 필 힐Phil Hill이 영어로 옮기며 제목을 바꿔 단 『에너지: 21세기 세계의 자원 경쟁』*Energy: The World's Race for Resources in the 21st Century*을 한국어로 옮긴 것이다. (독일어 판이 아니라) 영어 판을 중역한 것이라는 얘기이다. 독일어 판은 2007년에, 영어 판은 2008년에 간행되었고, 한국어 판은 2010년에 발행되는 셈이다. 본문 여기저기에 2008년의 상황들이 소략하게 추가돼 있는데, 이는 영역 과정에서 필 힐과 원저자 바그너가 교신했음을 짐작케 한다.

에너지 자원을 개발하고 이용하는 관점에서 사회의 풍경을 살펴보고, 역사를 조망하는 것은 흥미로운 일이다. 이 책을 집어 드는 많은 분들에게 그 동기는 경제적인 것일 수도 있고, 기술적 관심사일 수도 있으며, 윤리적 당위일 수도 있겠고, 정치적 필요일지도 모르겠다. 에너지 공급 시스템은 사회를 운영하는 근간을 이루며, 특히 새로운 세기에 접어들면서는 환경 문제와 연관돼 에너지 문제가 긴급하고도 중대한 사안으로 부각되고 있다. 지속가능한 발전, 피크 오일peak oil, 부국과 빈국의 에너지 격차, 재생 가능 에너지의 활용 가능성, 온실가스 배출 문제, 에너지 사용권이 기본적 인권에 속한다는 명제를 미디어에서 누구라도 들어보았을 것이다. 이 책은 이런 다양한 문제를 비교 분석할 수 있게 해주는 기초적 사실들을 정리하고 있다. 이 책이 한국어 사용자 집단의 미래 에너지 관련 논의에 보탬이 될 수 있다면 좋겠다.

건강이 좋지 않은 상태에서 이 책을 옮겼는데, 그나마 키위의 '에너지'가 큰 힘이 되어 주었다. 키위에게 감사한다.

2010년 9월

정병선